健康城市设计理论丛书2　　　李煜　主编

感知健康的城市设计

徐跃家　著

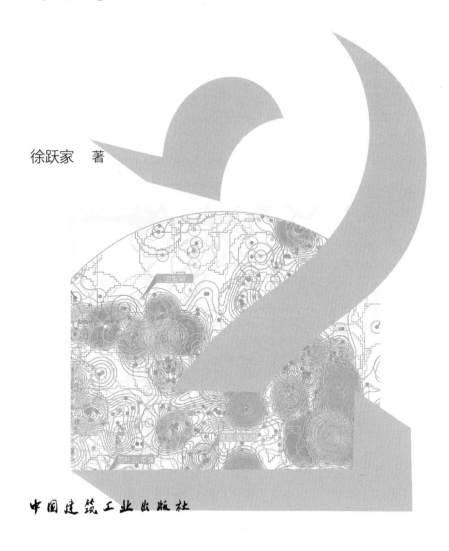

中国建筑工业出版社

图书在版编目（CIP）数据

感知健康的城市设计 / 徐跃家著. — 北京：中国
建筑工业出版社，2022.8
（健康城市设计理论丛书；2）
ISBN 978-7-112-27592-2

Ⅰ.①感… Ⅱ.①徐… Ⅲ.①城市规划—建筑设计—
研究—中国 Ⅳ.①TU984.2

中国版本图书馆CIP数据核字（2022）第117335号

责任编辑：刘　丹
责任校对：张　颖

健康城市设计理论丛书2

李煜　主编

感知健康的城市设计

徐跃家　著

*

中国建筑工业出版社出版、发行（北京海淀三里河路9号）
各地新华书店、建筑书店经销
北京锋尚制版有限公司制版
北京中科印刷有限公司印刷

*

开本：880毫米×1230毫米　1/32　印张：6½　字数：157千字
2022年8月第一版　　2022年8月第一次印刷
定价：**48.00**元
ISBN 978-7-112-27592-2
（39122）

丛书序

什么是健康城市设计理论？这是指城市设计理论中与居民健康相关的空间理论、规律、技术与策略。三十年前，朱文一先生提出了"空间原型理论"，并在此基础上推动了"建筑学城市理论"的系列研究。通过探索建筑学与其他学科的交叉融合，试图将其他学科总结出的事物发展规律中可以被空间化的部分转译为空间与形态规律。

2008年起，我开始关注"城市空间"和"人群疾病"的关系。事实上，空间如何影响健康是建筑学永恒的话题之一。20世纪80年代开始，人类疾病谱的转变和预防医学的发展使得公共卫生领域再次关注城市空间与人类疾病的关系。与此同时，现代主义建筑的失败和城镇化的加速导致了种种相关疾病的流行，也引起了建筑学领域的反思。在这样的背景下，顺着"什么样的城市空间容易导致疾病"这一主线，提出"城市易致病空间"的概念，并初步划定"空间相关疾病"的范畴。在此基础上详细分析了城市空间的不良规划设计导致人群患病的作用规律，并以此完成了博士论文。

2013～2014年我赴耶鲁大学访学，跟随阿兰·普拉特斯教授进行城市设计的研究，并与医学院的学者一起探索了建筑学与医学的可能交叉。在此基础上出版了《城市易致病空间理论》一书，初步总结了世界发达国家整治改良城市易致病空间的经验策略，挖掘了中国大城市面临的类似问题，试图提出初步的空间整治建议。

2014年开始，我有幸与其他志同道合的青年学者一起进行健康城市设计理论的系列前沿课题研究。这些学者有建筑学、医学、公共卫生学、管理学、计算机图形学等迥异的学科背景，在讨论和合作的过程中产生了许多有价值的思维火花。随着研究的深入，越来越多的思绪凝固成共识，通过数据与实证成为浅显的发现。从观察成为认知，从现象成为理论，从观点成为策略。

2019年底，一场突如其来的新冠病毒肺炎（COVID-19）疫情席卷全球，给人类社会造成了难以估量的损失。原本高度发达的当代城市空间，在疫情中暴露出了种种问题。透过疫情滤镜审视当代城市空间，可以发现多个维度的反思和创新正在涌现。这些看似新生的问题，其实早已存在于城市发展建设当中。疫情的滤镜无疑放大了城市空间对"健康"的诉求，将健康城市设计的概念重新带回主流研究和实践的视野。在这样的背景下，我和徐跃家、刘平浩两位老师在2020年担任《AC建筑创作》杂志客座主编，组编了"健康建筑学：疫情滤镜下的建筑与城市"特刊。邀请建筑学、医学、公共卫生、管理学等学科的专家学者，分别从建筑、城市和疾病的角度解析了疫情滤镜下城市空间的问题与改进方向。相信与历史上每一次重大的流行病疫情一样，本次疫情也会带来城市设计的深度自省和重要发展。

应该意识到的是，"健康城市设计理论"并不是一股风潮、一阵流行，而是建筑学伊始的初心之一。在学科交叉、尺度交汇、数据和信息化极大发展的今天，城市空间如何服务于人类健康，充满了各种崭新的机遇与挑战。在这样的背景下，我们与中国建筑工业出版社合作推出"健康城市设计理论丛书"，尝试为读者提供健康城市设计方向的理论与实践推介。首期推出的4本包括《健康导向的城市设计》《感知健康的城市设计》《促进全民健身的城市设计》和《健康社区设计指南》。

人群健康与城市设计的学科交叉和理论融合，是一项长期持续的工作。"健康城市设计理论丛书"只是冰山一角，希望丛书的出版能够为我国健康城市设计理论研究添砖加瓦。

2022年6月

自序

人们总是以身体感官直接体验城市，基于主观体验的城市与空间感知研究正是理解城市空间的关键所在。近年来，伴随学科深度融合，城市与空间感知的相关研究在理论、技术、实践等诸多方面都得到长足发展。在此背景之下，作者将针对此领域的思考与研究集结成书，同读者分享。

本书共有理论、案例、实证、思辨四大部分。

理论部分梳理了城市空间感知研究的源流。1911年，威利·赫尔帕奇（Willy Hellpach，1877～1955年）提出"地理精神"概念，环境心理学逐步发展出映射线索、预见-避难、个人空间、地域感、场所依恋、亲生物性六大理论。信息时代到来，空间感知研究范式从传统的专家打分、问卷调查转变为以机器学习、虚拟现实、生物传感器等新技术和多源城市数据相结合的"新"方法。在新方法的引领之下，地图作为空间认知工具，其制图技术、表达方式亦朝着多感官整合与多维度表现的方向迈进。

案例部分介绍了国际前沿的感知健康城市设计案例。除物理空间实体本身，城市色彩、城市声景、城市可玩性等感知要素对人类空间体验亦产生重要影响。本书荟萃了东京、安特卫普、哥本哈根等全球范围内顶尖的设计案例，给管理者和设计师形象地介绍感知健康城市设计的思潮和策略。

实证部分展示了可感知的北京。此部分以北京为研究对象，以嗅、味为研究视角，刻意远离视觉，专注五感中两种不好描述但又极其重要的感知体验。利用POI数据和地图技术，用城市设计的语言分别对北京的嗅觉和味觉作可视化呈现，展示一个不同的可感知的北京。

思辨部分展望了虚拟疗愈空间、盲人友好空间、赛博格植物城市三类感知健康城市空间的未来。虚拟疗愈空间通过集成方式与物理和数字信息进行交互，将有助于心理疾病的缓解和治疗。盲人友好空间依托"感官互联"概念，尝试从根本上解决盲人参与城市生活遇到的种种难题。赛博格植物城市在万物互联的驱动下，推动人、建筑和城市的关系将继续朝着"实现人与自然和谐共存"的目标发展。

感谢恩师王丽方先生的指点与帮助。感谢曹嘉添医生、金秋野教授、李煜老师、刘平浩老师、郝石盟老师的启发。衷心感谢冯昊、陈奕彤、李竟楠等同学参与本书的整理工作。特别感谢中国建筑工业出版社刘丹编辑的大力支持。囿于有限的时间、精力，书中难免存在诸多不足，望读者指正。

2022年6月 于北京

目录

3 实证

4 思辨

1

思辨

理论

环境心理与行为蓝图：
从地理精神[①]到环境偏好

1　环境心理学

　　环境心理学是研究人的行为和经验与人工和自然环境之间关系的整体科学[②]，关注环境与人之间的互动关系。以往的环境营造重点关注的是建筑内部功能是否合理，建筑结构是否安全等内容，更多考量的是物理空间因素，如噪声、温度等。如今考量的范围不仅局限于以上内容，还延伸至拥挤、私密性、个人空间等使用者心理层面的因素。环境心理学在关注人的心理问题的基础上同时关注自然和人工环境对人的影响，这使得其研究内容与其他传统心理学分支不同。

　　"环境-行为"之间的相互作用不同于其他研究对研究对象进行因果变量的划分，在环境心理学的研究中，环境与行为互为因果变量。环境可以为人的行为创造条件，人在进行行为活动的同时也在改变着环境。二者是相互制约、相互依存的关系。

　　对"环境-行为"关系的研究需要多学科交叉融合，其内容与每一位感知到环境污染、"城市病"泛滥、城市资源匮乏和对环境存在不满心理的人有关。该领域涉及

① 地理精神：首次出现于威利·赫尔帕奇（Willy Hellpach，1877~1955）1911年的著作《地理》（*Geophsyche*）一书，指从宏观和微观角度分析地理和气候对人类活动作用的思想。

② 贝尔格林，费希尔，等. 环境心理学[M]. 朱建军，吴建平，等译. 北京：中国人民大学出版社，2009：4.

建筑业、工业、医学、心理学等方方面面，跨学科研究的必要性在其中尤为显著。

2　环境心理学研究的发展历程

作为心理学的一个重要分支，环境心理学理论从首次出现至今主要经历了四个阶段，即环境心理学初步发展、转型过渡、建筑心理学和可持续发展环境心理学（图1–1）。

2.1　初步发展

19世纪末期就已经有部分心理学家专注于研究声、光、热、压力等环境因素对人心理的刺激作用，但这些研究并没有充分考虑环境与行为之间的相互作用关系。直至进入20世纪，随着地理学的不断发展，人们才逐渐发现环境对人类认知和行为的影响，由此环境

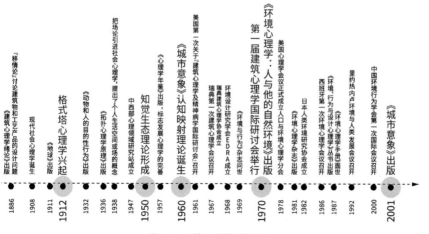

图1-1　环境心理学研究进展

心理学史的蓝图正式打开。

1924年，德国的威利·赫尔帕奇首次
明确定义了环境心理学，他在1911年编撰
的《地理》一书中提出"地理精神"①的理
念，讨论气候和地理对人类活动的影响，提出环境心理学的研究
应该是"取决于实际环境的心理"的理论，该书出版后获得各方
关注①。与此同时，格式塔心理学兴起，强调从整体的角度理解环
境以解释行为。该理论被认为是环境心理学的起点之一，并迅速
成为西方心理学的主要流派。20世纪前期，人们开始关注环境对
人类发展的影响。乔治·西梅尔关注城市环境和社会经济对人们心
理的影响，认为当时城市社会所有罪恶事件的发生都与人们对恶
劣城市环境的厌倦有关。大西洋的另一边，美国芝加哥的社会学
家们开始研究城市空间隔离现象，对环境心理学的发展产生了推
动作用。该趋势使得"城市心理学"在世界范围内传播。同一时
期，霍桑和玛丽·贾霍达将环境心理学与个人劳动联系起来，以确
定劳动环境中"个人–环境"的具体关系，从而延伸出环境心理学
的另一个分支"劳动心理学"。

此时的环境心理学尚未形成体系，还没有被明确定义为一个
学科，但由于该时期人们开始意识到"环境"会对人们活动产生
影响，因此普遍认为这段时期是环境心理学的起点。

2.2 转型过渡

环境心理学理论诞生后的"初步发展"阶段与"过渡转型"
阶段紧密交织在一起。20世纪30年代，大量德国心理学家移民至
美国，至此"过渡转型"时期开始。这一时期的环境心理学尚未

① 地理精神：首次出现于威利·赫尔帕奇（Willy Hellpach，1877~1955）1911年的著作《地理》（*Geophysche*）一书，指从宏观和微观角度分析地理和气候对人类活动作用的思想。

完全成熟，有关"环境心理学"的标签也尚未正式使用，诸如"心理生态学""生态心理学""环境感知"等各种不确定性术语被频繁使用。因此在这个阶段，该理论主要呈现多样化状态发展，这为后来环境心理学理论的转型奠定了扎实的基础。

20世纪50年代，人们对劳动、经济、教育等城市社会问题的关注日趋强烈，基于此现象，库尔特·卢文①将社会环境定义为决定人们行为的关键因素。1931年之前，卢文就已经开展了一系列有关儿童生活空间的研究。他对人们生活空间的研究触发了欧美环境心理学未来的发展（如巴克、柳克和阿甘的生态心理学），对人们行为活动的研究也成为社会心理学中最具开创性的贡献之一。由此该领域进入了环境感知的时代。受格式塔心理学的影响，埃贡·布伦斯威克认为真正的心理学应当是关注有机体与环境之间关系的科学，并对实际环境和感知环境之间的联系产生兴趣。而詹姆斯·吉布森的知觉生态理论则认为人直接受到环境的刺激而形成对应的感知。尽管二者观点有些许矛盾，但他们都认为应从整体考虑实际环境与感知环境的对应关系。艾姆斯则强调感知过程中人与环境的对话以及个人特征对环境感知结果的个人影响，即每个人都是在以前环境经验的基础上建立对空间的感知。

认知映射理论是环境心理学过渡时期的重要特征之一②。爱德华·托尔曼在老鼠心理地图上的实验结果为"认知地图"的概念铺平了道路。凯文·林奇在他的著作《城市意象》中提出"认知映射"的概念，并应用于对城市空间的评估。20世纪60年代到70年代，建筑师、城市学家和地理学

① LEWIN K. Field theory in social science: selected theoretical papers[M]. New York: Harper and Row, 1951.

② POL E. Blueprints for a history of environmental psychology (I): from first birth to American transition[J]. Medio Ambientey Comportamiento Humano, 2006, 7(2): 95-113.

家对认知地图的发展作出突出贡献。罗杰·巴克以研究人们的行为为目的，发展了关于物理环境和行为环境对人类行为影响的整套理论体系。在他的研究中包含了环境对行为的影响、整体视角、定性观察法与定量技术相结合等环境心理学领域应当包含的全部要素。这些成果使得罗杰·巴克被公认为第一位真正的环境心理学家。

　　研究建筑环境对个人在空间中的行为、社会凝聚力和社会倾向的影响是当前环境心理学中的重要部分之一。虽然在当时并没有形成正式的环境心理学，但该时期诞生的大部分理论都为后来建筑心理学的诞生和发展提供了有力支持。

2.3　建筑心理学

　　建筑心理学的时代又被称作"环境心理学的第二次诞生"，开始于20世纪50年代末和60年代初，结束于20世纪80年代末[①]。该时期在全球范围内出现了大量有关人类行为活动与建筑环境之间关系的研究。此时环境心理学的进化受到了来自社会和环境两方面的刺激：首先是建筑，人们专注于构建更实用和舒适的建筑环境；其次是环境生态，心理学以一种象征性的方式研究环境资源问题对人们行为的影响。这种双重趋势可以在《环境心理学：人及其物理位置》（由普罗尚斯基、伊特尔森和里夫林于1970年出版）一书中看出端倪。书中论述了资源、生产、行为对环境的综合影响，但大部分章节侧重于对建筑环境的论述，而不是从"绿色"的角度探讨"环境-生态"的关系。此时各国流行的环境心理学实际上是局限的建筑心理学，是只关注了部分城市动态的心理学。

① POL E. Blueprints for a history of environmental psychology (I): from first birth to American transition[J]. Medio Ambientey Comportamiento Humano, 2006, 7(2): 95-113.

　　北美对于建筑心理学的研究，最先起源于医院中的空间行为。相关研究者开展了一系列以建筑心理学和精神病学为主题的研究和跨学科会议，之后对物理、生物和社会科学之间的关系进行分析，最大限度地利用环境以支持各类行为活动。在1964年的美国医院协会医院规划会议上确定使用"环境心理学和建筑规划"作为该领域的名称。直至20世纪80年代末，北美建筑环境心理学经历了一段平静发展的时期，专家学者们开始撰写相关教科书，各大院校纷纷创建"环境心理学"课程和环境模拟实验室，许多建筑和心理学机构也将各类环境心理学科目添加到相应的教学课程中。而在"二战"后的欧洲，城市重建活动促进了建筑业的发展。特伦斯·李作为英国环境心理学的先驱，于1970年在英国金斯顿大学举行了第一届国际建筑心理学会议（IAPC），这是现在的国际人-环境研究协会（IAPS）的前身①。在瑞典，建筑师斯文·赫塞尔格伦作为先驱人物于1954年撰写了《建筑的语言》一书，并在书中重点论述了对建筑空间的感知。1967年于瑞典召开第一次建筑心理学会议，会议后成立了"瑞典建筑心理学协会"。法国学者则为建筑心理学研究创造了专属术语"空间心理学"。西班牙于1986年召开了"第一次环境心理学会议"。德国、意大利、荷兰、葡萄牙等地也纷纷设立有关环境心理学的课程和学科。自20世纪60年代开始至90年代，环境心理学逐渐传播至其他洲，1980年澳大利亚和亚洲等地开始建立环境心理学研究协会，1982年日本成立人类环境研究协会（MERA），2000年中国环境行为学会（EBRA）在中国南京大学举办第一次国际会议。关于建筑心理学的各种国际组织在20世纪60～70年代变得活跃起

① POL E. Blueprints for a history of environmental psychology (II): from architectural psychology to the challenge of sustainability[J]. Medio Ambientey Comportamiento Humano, 2007, 8(1/2): 1-28.

来，但此时的研究更多聚焦于局部建筑空间问题而不是整体城市规划问题。

　　直至20世纪80年代，建筑心理学的局限性和片面性才实现社会和环境方面的双重转变。一方面是关于环境心理学的社会转变。20世纪80年代初期，人们逐渐意识到环境心理学可能涉及社会表征和社会心理学的理论，一些对环境进行象征性研究的学者也开始将自己定义为应用社会心理学家。由斯托科尔斯和奥尔特曼编撰的《环境心理学手册（1987）》[①]也在一定程度上反映了这种转变，作者在其中反复谈论社会环境对人们行为的影响。这时的环境心理学采用社会心理学的解释参数和理论背景。另一方面是关于环境心理学的环境转变。早期的环境心理学不乏对环境因素的关注，但与之相关的理论并没有形成体系。直到1992年，生态环境才成为该领域的关注重点，随着"绿色"观念的流行使环境的"绿色转变"成为可能，人们逐渐发现城市质量与环境资源之间的紧密联系。这一切促使我们走进可持续发展环境心理学的时代。

2.4　可持续发展环境心理学

　　如今，地球资源被过度消耗，各种自然灾害、"城市病"、流行病频发，我们无法忽视大自然对我们的警告，对于环境的管理和研究必须根据日益增长的限制加以修正。居住地、卫生、能源等城市特征与社会、社区和个人动态密不可分，环境管理首先是对人类和社会行为的管理。与此同时，可持续发展已经成为一种正向积极的社会价值观念[②]。因此，此时的可持续发展环境心

① STOKOLS D, ALTMAN I. Handbook of environmental psychology[M]. New York: John Wiley & Sons, 1987.

② POL E. Symbolism a priori-symbolism a posteriori[J]. On the W@terfront, 1998: 1-17.

理学重点关注环境管理策略的研究。塞尔日·布图林将环境策略比作建筑空间的管理；贝克特尔和丘奇曼编写的《环境心理学手册2002》中包含了系统的环境管理的章节。从20世纪90年代到21世纪初，环境管理一直都是环境心理学要面临的重大挑战。

　　环境心理学发展到这个阶段，务必要明确的是它的标签定义的问题。没有明确定义的标签则会造成分类学上的困难和问题，也无法更好地确定研究方向与所属学科。在此之前，环境心理学经历了"人类生态学""地理心理学""生态心理学""亲环境行为""环境关注""心理学与全球变化""绿色环境心理学"等一系列名称，但最终学者们还是认为"环境心理学"是它最全面的名字，是最好理解的名字。建筑心理学作为环境心理学的一大分支也应该保留，因为它是环境心理学的一部分，且研究的目标更具针对性。

　　这一时期的环境心理学可以被看作是对研究视角的整体化恢复和对研究知识的跨学科建构。该阶段的目标是以改变人们和社会的行为来改善环境，增强生态责任，促进积极良好的生态行为，促使可持续发展成为一种全新的积极的社会价值观念。

3　环境心理学研究发展前景

　　当今的环境心理学存在一定的局限性，其面临的挑战主要是如何更好地综合考虑有关生态、社会和经济等方面与行为之间的关系。同时，建筑心理学也应思考更多有关可持续性发展方面的价值，并注重多学科合作，从"环境-行为"的角度提高人们周围环境的质量。环境心理学的学科性质导致其理论与实践并重，未来环境心理学应广泛应用于各种实际问题。

（1）环境心理学可对环境质量进行判定与衡量。环境质量指的是环境素质的优劣程度。在一个特定环境中的各个要素都会对人产生积极或消极的影响，该环境是否有益于人们的活动和生存行为的发生，应根据人们的需要对其进行评价。因此应利用环境心理学对"环境-行为"之间的关系进行分析评估，以更好地判定环境质量是否可以满足人们的需要。

（2）环境心理学应用于环境意识和行为的培养。如今各类技术的应用在带给我们便利的同时也影响了我们身边的环境，交通运输系统解决了动力问题却带来了污染和资源短缺的问题，精美华丽的食品包装解决了储存和美观问题却引起了垃圾问题。因此，相较于解决技术问题，环境心理学更应该注重对环保意识和行为的培养，即利用环境心理学知识引导更多对环境负责任行为的发生，从而使自然环境得到保护。

（3）环境心理学可为特殊场所设计提供指导。医院、养老院等特殊场所因使用人群的特殊性，对于环境和行为相互作用的要求更加严格，因此必须利用环境心理学专业知识对该环境和其受众特征进行详细分析后再进行设计。

无论什么时代，环境、行为与心理都是学界研究永恒的主题。基于可持续发展的要求，未来的环境心理学研究应继续沿着关注社会环境综合影响、坚持跨学科多领域融合交流、实行公众参与模式的可持续发展路线，为环境管理、建设健康城市建言献策。

环境行为学六大理论

　　城镇化进程的快速发展导致市民肥胖、癌症、注意力缺陷障碍、抑郁和痴呆等症状频发，许多人的生活质量正在下降。"健康城市"理念逐渐成为建筑学界关注的热点，如今的学者已经认识到设计在帮助人们拥有健康生活方式的环境和场所方面具有重要作用，良好的城市环境在促进生活健康化的同时也能提供一定的预防作用。结合地理学、人类学、社会学和心理学对城市中的每一个元素（包括建筑、景观、城市区域、基础设施等）进行研究，探讨如何建设健康城市，需要构成具体且系统的设计理论作为指导实践设计的基础。因此我们对设计实践、教育和研究环节中常用的六种核心设计理论进行整理概述，以帮助设计者们创造更加有思想、有创造力的健康城市。

1　映射线索理论

1.1　起源

　　映射线索理论是指环境应对人们的行为起到提示的作用，人们通过视觉对环境线索进行感知，以判断该环境是否有利于其进行特定的活动。这一理论最初是由心理学家詹姆斯·J. 吉布森① 提出

① GIBSON J J. The ecological approach to the visual perception of pictures[J]. Leonardo, 1978, 11(3): 227-235.

的，用来解释人们如何感知城市环境和周围空间并进行相关活动。城市中的每个人都是"环境的感知者"，同时也是"环境的行为者"，因此设计师必须兼顾使用者这两方面的属性。若想弄清该理论与设计的相关性，我们必须弄清当使用者第一次见到一件物品或进入一个空间时，设计师怎样才能以一种微妙而清晰的方式来提示使用者进行相应的行为活动。

1.2 原则

确保线索与功能相匹配。有些线索是"自然的信号"，即日常生活中人们所达成的共识，即使没有明显的线索设计，使用者也可以在下意识的情况下自然地接受功能暗示。有些线索则需要明确的功能标志，在公共空间中设计清晰的寻路线索对行人尤为重要，设计师可以利用层次、颜色和材料等设计元素为使用者提供直观清晰的路线标志，引导人们完成复杂的行程活动；有些线索则需要根据各个国家不同的标准化的功能要求进行调整。

预测所有可能的行为活动，并提供有效线索。人们对一个物体或一个空间的行为活动往往会超出设计师的预期，一个好的设计师会想到所有可能性，优先考虑首要功能，并避免出现虚假的无用线索。

设计线索可更改。好的设计可以根据需要随时作出调整，该原则源于"期望路线"的概念，即利用人们爱走捷径的行为特征。设计者原本并没有考虑到这条路径，但他创造了一个容易改变的空间。这些环境线索或路径可根据使用者的意愿不断调整，并成为最终的设计结果。

注重空间的多重使用性。场所空间应该能够提供多种线索，空间中的对象或元素也应该具有多种用途。在城市环境中规划一个空间需要了解潜在的活动和使用者的需求，并对这些活动需求进行编排，以避免冲突。特别是在资源稀缺、人口密集的城市中，能在一天内的多个时间以多种目的使用城市空间，有时可以给使用者带来更丰富、更愉快的体验。

1.3　应用

具有启示性的映射线索是城市空间设计的重要一步，在实际应用过程中，线索可以引导人们进行设计师想要让他们进行的活动。在构件设计中，一个圆形的把手暗示着我们需要通过转动而不是推拉的动作来使用它[1]，一个明显的标识牌应设置于转角或岔口等恰当的位置，为步行者的路径选择提供参考。在公园设计中，应设计包括多功能路径里程碑、阴影区域以及其他能够表达空间健身活动类型的标志，以便为人们提供有益的体育锻炼环境。在街道设计中，如美国计划规划提出将人行道、自行车道、公交车道、公交站点、可穿行的公路、交通环岛、旅行道和环形路等综合为一体，以创造使用功能更为完整的街道模式。而该项目的顺利进行则需要有明确的线索指示才能实现。

2　预见-避难理论

2.1　起源

预见-避难理论是指在公共场所中，人们能够直接观察周边情况的同时也能受到庇护作用的理论，这种环境会给人带来更

---

[1] NORMAN D A. The psychology of everyday things[M]. Basic books, 1988.

多的安全感。该理论是著名的环境偏好理论之一，常用于建筑、室内设计、景观建筑和城市设计学科。预见－避难理论最早是由英国地理学家杰伊·阿普尔顿在他的著作《景观的体验》[1]中提出。该理论表明，我们更喜欢既提供观察条件又提供庇护场所的环境，因为这可以帮助人们预测潜在的威胁，同时又能保护自己免受伤害。

① APPLETON J. Prospects and refuges re-visited[J]. Landscape Journal, 1984, 3(2): 91-103.

2.2 原则

保证空间的视野开阔。视野的质量直接影响人们观察环境并进行风险预测的难易程度。在观看者的位置上是否有充足的光线，以及被观看者的位置，都是重要的考虑因素。设计师还必须考虑如何将一个人的注意力集中在一个焦点上，并选择被观看的对象。一个独特有趣的焦点可以为空间增添愉悦的氛围。

保证庇护场所的安全感。人们对城市空间有着较高的安全需要，对犯罪或危险的恐惧往往会掩盖其他需求，并限制人们的活动和日常生活。安全感有助于增加人们对于空间的归属感，从而降低犯罪率。因此，设计者应考虑设计一个庇护场所来隐藏或保护人们免受侵害，从而为使用者提供感觉安全和保持安全的双重保障。

关注弱势群体的需要。很难用一个单一的设计来解决所有用户的需求，特别是当这些需求可能存在冲突时，此时应重点关注那些在城市环境中更容易感到不安全或不舒服的脆弱群体。

提供良好的社交环境。预见－避难理论不仅影响我们的感知和实际的安全，还影响我们的社交能力。只有在感受到绝对安全的

① CRQWE T. Understanding CPTED[J]. Planning Commissioners Journal, 1994, 16(5).

② CUSHING D F, PENNINGS M. Potential affordances of public art in public parks: Central Park and the High Line[J]. Proceedings of the Institution of Civil Engineers-Urban Design and Planning, 2017, 170(6): 245-257.

情况下，人们才会以轻松愉悦的心情融入环境，从而进行社交活动。同样，一条开阔的街道也能够增加邻里之间友好交谈的机会。

2.3 应用

目前全球各城市的决策者都希望能够重振城市地区，倡导社区意识。纽约市高线公园就是一个很好的例子，"高线"是一段30英尺（约9.1米）高的高架铁路，于1980年废弃，高线公园就是在其基础上改造成的独具特色的空中花园①。作为一个观景台，它在围合出一个休闲庇护场所的同时提供了切尔西社区街道生活的全景画面。沿途可欣赏哈德逊河，还能经过一些地标性建筑，如自由女神像、自由塔、特尼艺术博物馆和许多典型的纽约街道，这些都可以为人们提供不同的观赏体验②。以上足以证明预见-避难理论之于构建健康城市的重要性。

3 个人空间理论

3.1 起源

个人空间理论，也被称为亲近性理论，该理论着重研究人与人互动过程中的物理距离与心理距离变化。早期一些生物学家和动物心理学家通过观察，发现动物们彼此之间自然地保持着一个非常恒定的距离，并且这一距离的改变会影响它们的行为活动。这一理念为随后的人类社会距离理论奠定了基础。爱德华·T. 霍尔基于此创造了"亲近性"一词，将其定义为"研究人类如何无意识地构建个人空间——人类在日常交往中的距离"[1]。霍尔确定了四种不同的人际关系尺度：亲密、个人、社会和公共。这为当代设计师研究该理论提供重要的指导。

3.2 原则

维护个人领域感。第一类领域是空间，亲密、个人、社会和公共四种领土类别反映不同层级空间的基本需求；第二类是家庭领域，指以团体为单位形成的亲密活动空间；第三类是社交领域，其中包括有特定边界的社交聚会，如读书俱乐部或写作社团；最后一个类别是身体领域，即直接围绕着我们的无边界个人空间。领域感，本质上是人们对使用空间所有权的需要，是个体的人对物体、事物和空间的延伸。设计师应当根据一个地方的大小、形状、规模和比例营造出人们所需个人空间的边界[2]。

注重个人空间大小的可调节性和灵活性。研究表示，每个人对个人空间领域需求的大小，因国籍、文化、种族、性格、性别和年龄等因素而异，心理和生态变量（包括财富和环境因素）也会影响人际交往的舒适距离。即使我们可能没有意识到它，个人空间理论也时时刻刻都在影响我们的日常行为。因此在设计时，我们应当注重个人空间的可调性。

运用空间的语言进行设计。空间的限定设计既可以把人分开，也可以把人聚在一起，利用空间语言可以很好地满足人们在亲密、独立、社交和聚会状态下的不同需求。个人空间理论，本质上是提醒人们在设计过程中把用户的空间需求放在

① HALL E T. A system for the motation of proxemic behavior[J]. American Anthropologist. 1963, 65(5): 1003-1026.

② SOMMER R. Personal space: the behavioral basis of design[M]. Prentice Hall Direct, 1969.

最前面。无论是设计房间里的家具、公共交通上的座位还是公共空间的布局，有意识地考虑个人空间理论有助于创建舒适的活动空间。

3.3　应用

精心考虑个人空间与公共空间关系的场所有助于创造一种社区感，并可以促进积极的社交互动行为。常见于公共长椅的设计中。好的公共座位包括对人类各方面物理维度（身高、体重、坐高、臀膝高度等）的理解，并尊重个人空间领域范围，使人们可以与陌生人保持适当的距离。在多个座位可选择的情况下，人们更易与朋友坐得更近或离陌生人更远。同样，对于开放式办公空间，考虑视觉、隔声以及隐私需求，建立独立的个人空间也十分有必要。

4　地域感理论

4.1　起源

地域感理论是指每一处自然环境都有其独特性和原创性。人们对一个地方的理解会受到各种有形或无形因素的影响（如社会文化、政治-历史、时空和物理因素等）[①]。"地域感"起源于罗马神话，是一个地方的守护神，现在则指人们对一个地点的感受。

挪威建筑理论家和历史学家克里斯蒂安·诺伯格-舒尔茨写了大量关于地域感的文章，主张本体论的重要性以及每个地方的原创性和独特性。地域感的本质是，在我们的

① CANTER D V, CRAIK K H. Environmental psychology[J]. Journal of Environmental Psychology, 1981, 1(1): 1-11.

建筑环境中，通过人造结构（如材料、图案、纹理、颜色、规模、功能、形式和比例等）的设计语言，来传达当地的独特文化、社会人文和历史价值。

4.2　原则

保留空间标志性特色。一栋好的标志性建筑通常可以明确地显示该地域的特色，并具有独特的地域感。为防止城市记忆丢失，设计师可以考虑将历史、文化和传统进行保留，再抽象转化成建筑语言用于建筑设计当中，以达到空间与周边环境完美融合的效果。对于有价值的工业遗产应采取维护措施，在空间结构与文化价值之间建立强烈而独特的联系。

城市景观与环境进行对话。城市景观往往具有强烈的地域特点，甚至具有时代气息。公共景观应通过人们与环境的互动来发展，而不应由一个冰冷的总体规划来决定。将地域感作为核心进行考虑，即使是再平凡的设计，如道路、桥梁、人行道、厕所和电梯，也会变得更加特别与难忘。

4.3　应用

作为芬兰赫尔辛基最受欢迎的旅游景点之一，坦佩利奥基奥教堂的设计响应了这个地方独特的地域元素——岩石。教堂镶嵌于岩石之中，内部的配色方案基于花岗岩的阴影呈现红色、紫色和灰色。德斯豪斯工作室将位于上海的亚洲最大的谷仓改造为展览空间，并有意保留原有的建筑结构。该项目完全尊重原场地的空间特征和历史文化，将遗址的地域感融入特色展览空间，使其成为展览馆的一部分。

5 场所依恋理论

5.1 起源

场所依恋理论解释了人们之所以会对特定的地方建立情感联系，通常是由于他们童年时期所见到的珍贵景象或发生在这个特定地点的生活经历而产生的。由欧文·奥尔特曼和塞莎·洛①编撰的《场所依恋》一书仔细研究了人们的情感经历与地方发展的联系。场所依恋理论已经从一个关于人们对环境认知和理解的心理学概念，发展到一个包含社会学视角、历史文化和社会问题变化的概念。情感和感觉是场所依恋概念的核心，情感通常与知识、信念和特定场所相关的行为结合在一起②。当人们对场所产生强烈依恋感的同时也会获得一定的安全感，这有助于提高人们对该空间的满意程度。

5.2 原则

创造促进社交的场所。积极的社交体验也会使人们对该场所产生依恋感，而这种依恋感会增加人们维护该环境或参与环保活动的概率③。因此设计师应注重为社会交流提供空间，并对我们的城市空间进行规划，积极改变人们与城市的接触方式，使场所依恋理论得以更好地发展。

合理发展场所的依恋感。对场所产生依恋通常需要经过场所互动、场所认同、场所释放、场所实现、场所创建和场所强化等过程④。后三个过程，即实现、创建和

① ALTMAN I, LOW S. Place attachment[M]. Springer Science & Business Media, 2012.

② ALTMAN I, LOW S. Place attachment[M]. Springer Science & Business Media, 2012.

③ UPHAM P, JOHANSEN K, BOGEL P M, et al. Harnessing place attachment for local climate mitigation? Hypothesising connections between broadening representations of place and readiness for change[J]. Local Environment, 2018, 23(9): 912-919.

④ SEAMON D. Place attachment and Phenomenology: the synergistic dynamism of place[M]// MANZO L DEVINE-WRIGHT P. Place attachment: advances in theory, methods, and research. NY: Routledge, 2014.

强化，很容易与设计过程联系起来。设计师可以通过对物理环境的改变来实现、创建和强化一个场所的特征。前三个过程则受到场所物理质量的影响，随着时间的推移而发生变化，间接地与设计相关联。它们需要活动的发生，才能使人们与物理空间之间建立依恋联系。

努力使场所变得难忘。具有吸引力的场所（如植物园）、令人敬畏的场所（如摩天大楼和悬索桥）、具有丰富回忆的场所（如校园）都令我们难以忘记，而难忘的场所才更容易使人产生依恋感。

考虑场所关系。每个人对于场所产生的不同的依恋关系是在很长一段时间内形成的，这通常会使设计变得更加复杂。尽管根据每个人的需求设计城市空间有些困难，但设计师必须了解人们对场所产生依恋感的条件及原因，这样才能确定人们会觉得与哪些环境联系最紧密，以辅助城市景观设计。

5.3　应用

场所依恋感很容易在日常生活中获得，定期且多次经过一个特定的场所时，人们就会在不知不觉中产生依恋感。有些场所已经消失了或人们无法经常到达，为给人们带来安全感和归属感，通常可以在新场所中添加该场所的旧物和象征来唤起人们熟悉的情感。如小意大利（指意大利人聚居的地方）、唐人街（指华人在国外聚居的地方）、韩国城（指韩国人聚居的地方）等民族聚居地，这些都是特定群体将其所经历的空间在异地进行的复原与表达。以上空间的表达形式除了表现原有地方文化之外，也与当地景观产生密切关联。地点依恋理论可以为研究人们如何感知、思考空间并在其中进行行为活动提供重要线索。

6 亲生物性理论

6.1 起源

"亲生物性"的理论概念是指人类具有与自然和其他形式的生命体相联系的内在欲望。"亲生物"最初由精神分析学家艾里希·弗洛姆定义为"对生命的热爱"。1984年美国植物学家爱德华·威尔逊[①]以"亲生物"一词为书名发表了著作。亲生物性概念得以广泛传播。在著作中,威尔逊认为人类天生地在情感上具有与自然和其他生物联系的倾向,使得人们在行为上产生对生物不自觉地关注与欣赏。如今,我们与自然之间的联系正在被快速发展的城镇化进程所打破,人们与自然接近的强烈愿望重新得到社会与学界的关注。

6.2 原则

将自然融入建筑环境。人类作为生物有机体,需要定期与自然接触才能健康成长,现代建筑环境必须能够促进并支持人类与自然的互动[②]。良好的亲生物城市不仅应具备绿色基础设施,还应激发人们对自然事物的好奇心以及想与之建立联系的兴趣。在设计过程中通常将自然设为目标对象,从自然中获取灵感源泉,将周边环境直接带入日常建筑体验当中。这种经过深思熟虑将自然融入建筑环境是亲生物设计的本质。

放大自然特征。亲生物设计提倡一种沉浸式感官方法,将多种自然元素集成到建筑环境中。通过视觉上绿色植物、景观的置入与材料、图案、纹理、形式的自然模仿;听觉上,落水、鸟鸣之类的自然声

---

① WILSON E. Biophilia[M]. Cambridge, MA: Harvard University Press, 1984.

② KELLERT S, Wilson E O. The Biophilia Hypothesis[M]. Washington, DC: Island Press, 1993.

营造；味觉与触觉上，花香、薄雾、雨等自然体验的模仿。这些都提升建筑环境中的亲生物感受。

使环境易恢复且可再生。当设计者同时运用恢复性和可再生性原则时，基于自然的亲生物性设计也能够适应和缓解气候变化。绿色屋顶与墙壁可以帮助城市降温，降低热岛效应；易透水性铺地可以减少积水，减轻山洪暴发的影响。利用亲生物设计理论指导设计能够尽可能地修复、恢复消极建筑环境，并创造性地将自然融入城市环境中。

6.3 应用

在实际应用过程中，亲生物性理论通常涉及三个不同方面[①]。首先是亲生物性城市，建设生态型健康城市，如新加坡"花园中的城市"，用植物在城市中建立绿色网络，旨在将居民与自然联系起来，改善城市生物多样性，并有意整合景观设计（空气、景观、植被），有利于降低热岛效应，改善空气质量和水质。其次是创新型医疗保健，将医疗保健空间逐渐设计为以病人为中心并被自然环抱的治疗环境。如采用温暖的木材、垂直绿化、大面积玻璃窗、随处可见的内部花园等，这些都有助于维护病人的身心健康。最后是绿色建筑，重点关注建筑节能，如通风、空气质量、热舒适、噪声和健康的日间照明等。

当代环境行为学六大理论（表1-1）为建造健康城市提供了指导，设计者需要以此做出明智的设计选择。只有当设计艺术与系统理论完全融入实践时，我们才能创造出符合大众需要的环境友好型城市空间。

① STEPHEN R K. The practice of biophilic design[J]. London: Terrapin Bright LLC, 2015.

环境行为学六大理论　　　　表1-1

六大理论	定义	原则
映射线索理论	环境应对人们的行为起到提示的作用	①确保线索与功能相匹配； ②预测所有可能的行为活动，并提供有效线索； ③设计线索可更改； ④注重空间的多重使用性
预见—避难理论	人们在能观察周边情况的同时也能得到些许掩蔽	①保证空间的视野开阔； ②保证庇护场所的安全感； ③关注弱势群体的需要； ④提供良好的社交环境
个人空间理论	人们习惯与他人保持一定的物理距离	①维护个人领域感； ②注重个人空间大小的可调节性和灵活性； ③运用空间的语言进行设计
地域感理论	自然环境都具有独特性和场所感	①保留空间标志性特色； ②城市景观与环境进行对话
场所依恋理论	人们会对特定的地方建立情感联系	①创造促进社交的场所； ②合理发展对场所的依恋感； ③努力使场所变得难忘； ④考虑场所关系
亲生物性理论	人类具有与自然和其他形式的生命体相联系的内在欲望	①将自然融入建筑环境； ②放大自然特征； ③使环境易恢复且可再生

城市感知研究发展与趋势

1 背景——可感知的城市

社会经济的快速发展加速了城镇化进程，城市形态及人们的生活方式随之发生了变化，智慧城市的发展使得城市空间的感知以新的技术与数据作为基础[①]。城市技术革新不仅促进了城市规划技术和工具的突破与创新，更在信息通信技术快速发展的环境下，带动了数据存储、挖掘和可视化等技术的完善，赋予人们审视城市环境的新视角[②]。随之而来逐渐兴起的是新城市科学，即依托深入量化分析与数据计算途径来研究城市的学科模式。空间感知方法从传统的专家打分、问卷调查等方式逐渐转变为以机器学习、虚拟现实、生物传感器等新技术和多源城市数据相结合的新的空间感知方法，"空间-感知-行为"这一研究可以以一种更加精细化、准确化、细致化的角度进行，从而更加准确地回答"物质空间环境的感知会怎样影响人的行为以及人的行为怎样塑造空间"这一基本问题。

"空间-感知-行为"研究在20世纪就已有成熟范式，主要集中于对空间的感知和行为两个维度。全球范围内已经有很多研究机构专注于新城市科学方法，利

① HOLLANDS R G. Will the real smart city please stand up? Intelligent, progressive or entrepreneurial?[J]. City, 2008, 12(3): 303-320.

② 龙瀛. (新) 城市科学：利用新数据、新方法和新技术研究"新"城市[J]. 景观设计学, 2019, 7 (2): 8-21.

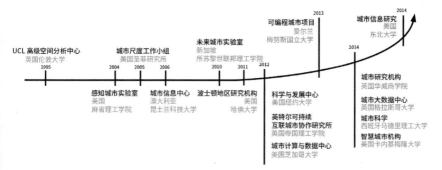

图1-2　新城市科学的兴起及相关研究机构的涌现[1]

① 叶宇. 新城市科学背景下的城市设计新可能 [J]. 西部人居环境学刊, 2019, 34; (1): 13-21.

② 周庆华, 王一睿. 基于感知维度的城市设计思考[J]. 规划师, 2021, 37 (16): 73-77.

用新技术、新方法、新数据来感知城市（图1-2）[1]，本书基于19家国际核心机构的研究项目进行梳理，通过筛选整理后发现目前研究主要分为两类，一类是以城市为主体研究对象的项目，另外一类是以感知城市的对象为主体进行项目研究。

2　人与传感器——感知视角

可感知城市作为一个环境心理与行为学课题，所关注的重点不仅是城市，城市空间的感知主体作为研究重点同样引起关注。城市空间感知存在很强的主观性，不同的感知主体对相同的客观环境的感知存在差异[2]。需要指出的是，随着信息技术的发展，城市空间的感知对象也发生了变化，不仅生活在城市中的人对城市进行感知，城市中的传感器也可对城市空间进行感知。

2.1　城市中的人

对于城市的感知源于感知者在城市空间中活动时获得的真实体验，因此在研究城市中的人对于空间的感知时要关注其在空间中的行为以及体验感受。随着信息技术的发展，可通过数据分析、模型预测等方式观察城市空间中人的行为。

如美国纽约大学CUSP SimSpace实验室通过混合传感与模拟设施研究人类行为。英国伦敦大学学院高级空间分析中心的"游戏档案"（Playing The Archive）项目（图1-3），通过对20世纪50年代和60年代两万名英国儿童的游戏记录进行数字化转换，创建虚拟VR现实游戏场景，唤起关于城市游戏的记忆。英国牛津互联网中心（The Oxford Internet Institute）通过数字时代集体记忆研究，分析新技术影响下个人与集体层面跟踪事件的方式是否发生改变。新加坡ETH未来城市实验室观察中央商务区街道、地下人行道、公园等不同地点的"拥挤程度"，探究城市中的人在不同类型空间中感知到的拥挤对负面认知产生的影响。美国纽约大学城建筑信息学和可视化实验室利用可视化技术量化表达建筑中人类体验，如情感智能建筑项目使用生物特征传感器，捕捉用户情绪，创建响应式虚拟环境。英国帝国理工学院科学数据中心行为分析实验室使用数据分析预测人类行为，如通过可穿戴运动设备跟踪人类日常生活中的疾病进展及身体活动与大脑活动的相关性等。美国麻省理工学院媒体实验室使用生物技术增强人体机能，从而帮助人们更好地感知城市（图1-4）。

图1-3　"游戏档案"项目

（资料来源：https://www.ucl.ac.uk/bartlett/casa/research-projects/2018/sep/playing-archive）

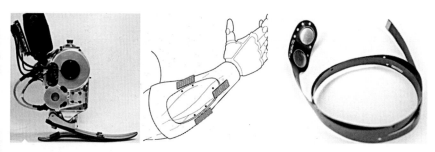

图1-4　麻省理工学院媒体实验室生物力学小组研究项目
（资料来源：https://www.media.mit.edu/groups/biomechatronics/projects/）

2.2　城市中的传感器

随着技术发展，传感器作为城市空间感知对象受到越来越多的重视。智慧城市便是基于传感器技术感知城市空间及其运行，进而综合多种数据来整合城市服务，优化运行效率的研究实践领域[①]。

美国麻省理工学院可感知城市实验室2005年利用GPS设备收集人员和交通系统的运动模式，以感知街道、社区空间和社会使用情况。2009年，该实验室将普通自行车改造为混合动力电动自行车，感知路况、一氧化碳、NO_x、噪声、环境温度和相对湿度等城市环境因素。2021年开展的智能路灯（sensing light）项目（图1-5）设想将路灯作为智能城市传感器，配备空气质量监测、数字成像、热感应等多种数字功能，用于辅助监测城市空间利用率。麻省理工学院数据设计实验室2018年开发了一款可被移动的公园长椅，在长椅上配备传感器来收集并测量人们使用时的路线、光线、阴影、压力等数据，以此分析长椅等公共设施的使用情况及使用人群的行为特征。

荷兰阿姆斯特丹都市高级解决方案研究所传感实验室项目致力于研究、开发和

① 徐磊青. 城市社区生活圈规划：从体系完善到机制创新[J]. 城市建筑，2018（36）：6.

整合城市智能技术。如利用配备
传感器的车辆收集城市环境数据
帮助市政执行停车政策、废物登
记和广告税等任务；使用毫米波
传感器将移动物体视为空间中的
点集合，密切关注人群和动向。

美国芝加哥大学城市计算与
数据中心城市"传感网络"（Array
of Things）项目通过在社区中放
置多传感器节点，收集城市环境、
基础设施的高分辨率数据"为城
市提供仪表"，并提供免费开放的
数据搜索系统。

图1-5 "智能路灯"项目
（资料来源：https://senseable.mit.edu/sensing-light/）

人们通过丰富多样的传感器对城市进行感知，获取相应数据，
对城市空间、人的行为等进行精准分析，帮助人们对所处空间进
行感知。

3 可感知城市探索维度

空间感知通常以平面图示化方式呈现，以帮助人们直观理解
空间。城市研究量化风潮兴起之初，复杂数据的分析结果就开始
以平面数据地图的方式呈现。随着设计研究的精细化、科学化发
展，二维平面的分析表达方法难以处理现代城市三维立体环境中
的视觉感知品质和空间组构关系，空间感知分析表达方法逐渐向
三维演进。

目前，大量研究机构利用信息通信技术、传感器技术、模拟模型等，针对城市空间的形态特征及城市经济管理决策等方面进行多样数据分析，并预测城市发展。本节以研究主体为对象，对各个机构的项目进行分类，梳理其研究脉络，以期得到感知城市研究的发展趋势。

3.1　实体空间

城市建成环境中实体空间作为人类生活的主要空间，研究其以何种程度、何种方式影响人类感受与行为具有重要意义。城市实体空间包括建筑、道路、住宅、基础设施等，此类空间研究起步较早，方法多样。

英国伦敦大学学院CASA高级空间分析中心"着色伦敦"（Colouring London）项目（图1-6）将研究重点集中于城市建筑。

图1-6　"着色伦敦"项目网站可视化内容
（资料来源：https://www.ucl.ac.uk/bartlett/casa/research-projects/2020/nov/colouring-london）

该项目为伦敦存量建筑提供了关于信息搜集的资源平台，研究人员将搜集到的信息绘制为可视化地图，为后续研究提供动态数据支持。美国麻省理工学院可感知城市实验室使用3D激光扫描技术在巴西罗西尼亚（Rocinha）地区进行了全面的城市形态测量分析与数字化表达（图1-7）。实验室负责人卡洛·拉蒂创建的CRA-Carlo Ratti事务所进行的"动态街道"（The Dynamic Street）项目（图1-8）采用一系列六边形模块化摊铺机迅速改变道路的功能。美国纽约大学城市科学与发展中心对城市电网、防洪设施等进行了研究。智能能源研究组分析曼哈顿电网在供应电动汽车时故障发生的可能性，重新思考电力基础设施的设计方法。麻省理工学院市民数据设计实验室开发城市连接指数（CCI）模型识别城市互联网连接的空间分布，结合互联网活动水平、连接质量和网络覆盖范围的信息，制定改善城市互联网基础设施指南。

图1-7　"照明设施潜力"项目可视化内容
（资料来源：https://senseable.mit.edu/favelas/）

图1-8　"动态街道"项目概念及场景
（资料来源：https://carloratti.com/project/the-dynamic-street/）

图1-9　"斯德哥尔摩城市中的人流"项目可视化及展览
（资料来源：https://senseable.mit.edu/stockholm-flows/）

3.2　城市形态

随着全球城市化的发展，城市形态发生了不同程度的变化，城市扩张、隔离等现状影响了城市居民的空间感知。

英国威斯敏斯特大学Max Lock中心于1996年开始使用GIS和其他可视化工具进行城市形态研究，为城市和区域治理绘制城市化图。CASA高级空间分析中心与众多学校机构开展合作，共同使用CA模型模拟城市增长、探讨中国城市规模分布、模拟巴西城市贫民窟的增长和升级等。美国麻省理工学院可感知城市实验室以了解种族隔离在世界不同地方的运作方式为目的开展了一系列调查。"斯德哥尔摩城市中的人流"（Stockholm Flows）项目（图1-9）使用地理定位的推文和社会经济因素描述瑞典首都不同社区之间的人员流动，用活动轨迹代表人群社交密度并进行可视化研究，探索城市隔离程度。

3.3　城市经济

城市经济生活影响着城市人口行为及城市空间使用，分析城市社会经济条件数据，可以了解城市经济对于城市用户的影响。目前多家机构针对城市经济生活进行可视化研究，探究城市经济生活带来的影响。

"零售环境"（Retail Environment）是CASA高级空间分析中心关于城市业态的分析项目，该项目旨在更深入地了解零售业影响因

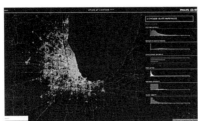

图1-10 "照明地图集"项目网站可视化内容

（资料来源：https://civicdatadesignlab.mit.edu/Atlas-of-Lighting）

素。美国麻省理工学院市民数据设计实验室"照明地图集"（Atlas of Lighting）项目（图1-10）使用卫星图像获取人口统计、城市发展强度和夜间光照强度的统计数据，将芝加哥不同社会经济条件下的照明强度可视化，分析照明强度、家庭收入中位数和人口密度之间的关系。英国帝国理工学院科学数据中心商业分析实验室针对数据和人工智能对未来商业市场的影响展开研究，使用Digital-i分析工具（SoDA）和线性电视节目表数据，预测电视标题吸引力程度、劳动力市场变化等。美国麻省理工学院媒体实验室人类动态小组开展了城市食景相关研究。荷兰阿姆斯特丹都市高级解决方案研究所以大都会食品系统为主题探索城市食品对居民的影响。

3.4 城市管理

城市管理决策对于城市发展具有重要影响，此方向研究主要包括公共参与、居民决策、城市规划等。

公众参与促使利益相关者提出不同的设计意见，重视居民意愿，共同决策。美国麻省理工学院市民数据设计实验室开展的"可视化纽约2021"（Visualize NYC 2021）项目（图1-11）以"大数

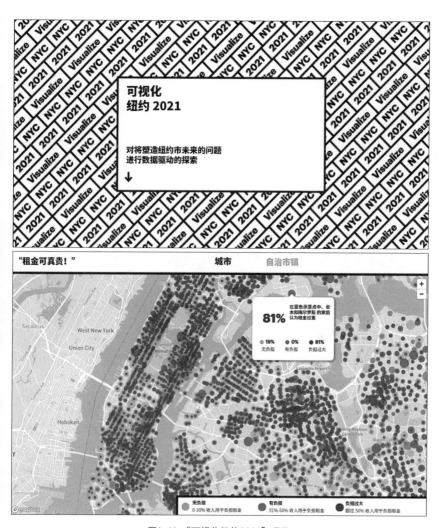

图1-11　"可视化纽约2021"项目

（资料来源：https://visualizenyc.net/#section-2）

据、可视化和社会"为主题，针对气候变化、住房、公共领域、街道和社区健康等问题，在网站中询问用户关于纽约市未来的愿景并进行数据可视化。

城市信息可以影响用户的日常决策。爱尔兰国立梅努斯大学可编程城市项目小组开发了都柏林仪表板项目，可以提供城市各方面实时信息、时间序列指标数据和交互式地图，使用户能够获得有关城市的详细情报，有助于日常决策与循证分析。

3.5　城市健康

城市环境影响城市居民的日常活动及身体健康。以气候、温度、空气等议题进行研究，对于城市健康具有重要意义。

美国卡内基梅隆大学智慧城市机构的滑坡预测与图像分析项目通过图像分析城市环境，预测山体滑坡的可能性。英国伦敦大学CASA高级空间分析中心进行的"货运交通管制2050"（Freight Traffic Control 2050）项目关注伦敦市中心货运流量与空气污染的相关性。2010年，该机构还与英国伦敦国王学院环境研究小组联手创建了伦敦的"2D/3D交互式空气污染地图"。该研究从伦敦周围各个站点获取实时数据，使用水动力模型将其可视化，以显示各种污染物的详细位置。美国麻省理工学院"可感知城市"实验室的"健康信息景观"（Health Infoscape）项目（图1-12）通过分析来自全美各地的超过720万份匿名电子医疗记录数据，寻求揭示空间、地理和健康之间的静态关系并将其可视化，重新审视传统的疾病类别。美国纽约大学城市科学与发展中心创新实验室的城市健康仪表盘项目，通过将美国500座城市36项指标数据进行可视化，可更加直观地了解社区面临的挑战以及应对方法。

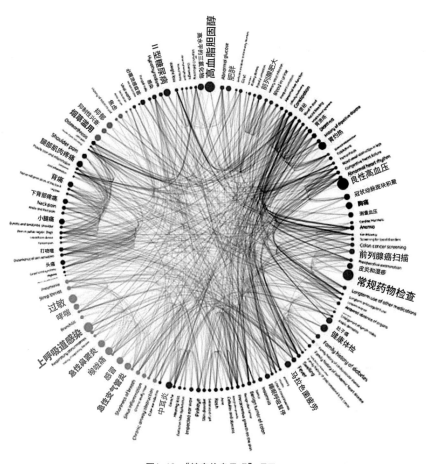

图1-12 "健康信息景观"项目

（资料来源：https://visualizenyc.net/#section-2）

3.6   数字地理

在过去的几十年里，我们的城市变得越来越数字化。城市环境中的数据和算法从根本上改变了人与地理的交互形式，因而深刻影响着我们对空间的感知、移动等形式以及空间利用方式。城市物质空间逐渐依赖虚拟网络来强化彼此链接，人们对城市的主观感知不再囿于传统物质空间体验，而是倾向于从网络空间获得更多新的认知与发现。

英国牛津互联网研究所"地域信息"（information geographies）项目在全球范围内分析了当代数字地理的不良影响，以及全球范围内的地理数据不公平（图1-13）。美国麻省理工学院可感知实验室"纽约时报"（New York Talk Exchange）项目（图1-14）通过可视化纽约与世界各地城市之间流动的大量长途电话和IP（互联网协议）数据，实时展示了全球信息交换。

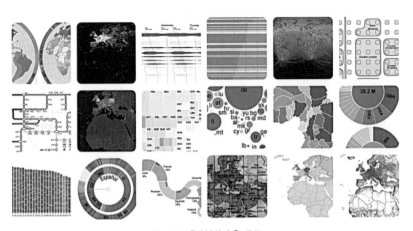

图1-13 "地域信息"项目

（资料来源：https://senseable.mit.edu/favelas/）

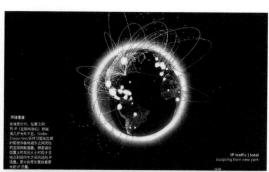

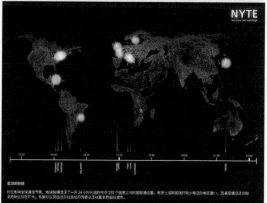

图1-14　"纽约时报"项目

（资料来源：https://senseable.mit.edu/nyte/index.html）

4　总结

4.1　地图：作为感知信息的呈现方式

地图作为信息呈现方式，其作用越来越明显。从20世纪60年代开始，反映人脑对地理环境记忆能力和联想状况的印象地图便是对空间进行感知呈现的方式。《城市意象》一书中，凯文·林奇用地图来描述城市中的人对环境的认知，由此启发了研究物理环境特征如何影响人群行为的行为地图研究。随着信息技术的进步，大数据的获取更加方便，量化分析的技术更加成熟，城市中的人群行为特征分析变得更加可靠，使可视化地图更容易在大范围内呈现。

4.2 信息：从随机样本到全体数据

传统城市研究中人群行为信息获取方式较为局限，20世纪80年代比较成熟的行为地图、地图标记法、现场计数法、实地观察法等城市观察调研方法数据量小，所观察的区域范围受到人力与技术的限制，无法进行大规模批量化的数据信息分析。信息通信与传感器技术的发展，使城市人群活动基础数据获取变得更加方便，信息由从前依靠人力观察获取变为机器获取，城市信息数据倍增为人群感知城市提供了基础。

4.3 功能：从简单描述到分析预测

城市数据涌现，分析技术提升，定量分析城市形态、发展的工具也不断发展，当分析数据量达到一定程度时，分析工具不再仅仅局限于分析已经建成的城市环境，而逐渐向预测的方向发展。机器学习技术是城市空间感知的新型工具之一。机器学习不仅能对建成环境进行深入分析，还能通过大量样本分析来学习和训练，从而掌握建成环境特征规律，预测未来城市环境发展。可感知的城市已经由最初的简单描述逐渐向预测方向发展。

4.4 形式：从二维平面到三维立体

虚拟现实技术与三维视线空间网络分析技术的发展，推动了空间分析从二维向三维的转化。虚拟现实技术通过计算机产生三维虚拟世界，为使用者提供多感官模拟，使其仿佛身临其境[1]。20世纪80年代，美国率先开发出虚拟洛杉矶、虚拟拉斯维加斯等

[1] 范思楠，张玉坤. 基于虚拟现实技术的城市街道网络空间认知实验[J]. 天津大学学报（社会科学版），2012, 14（3）: 228-234.

① SHIODE N. 3D urban models: recent developments in thedigital modeling of urban environments in three-dimensions[J]. GeoJournal, 2001, 52(3): 264-269.

项目①，用于城市互动演示及改造评估，之后，虚拟城市源源不断地出现，并且与传感数据等相结合，构建实时数据平台，调动城市人群的立体感官，对城市进行三维空间感知。另外，空间句法研究已经不仅局限于平面化的二维空间组构，三维立体建成环境分析也开始发展。英国伦敦大学学院空间句法实验室率先提出了开展三维空间可见性分析的可能性，空间感知从平面到立体化的发展趋势逐渐明显。

4.5　关系：从人对城市的单向感知到人与城市的双向感知

"人如何感知和使用空间，物质空间环境以何种程度、何种方式影响人的感知与行为"是环境心理学一直以来尝试解答的基本问题。随着传感技术的发展，城市环境的感知主体已经不仅仅局限于人，城市中的传感器作为感知主体也扮演着重要角色。通过布置传感器开展对人群对象的动态追踪和空间环境的精准测度，开发在线互动平台将数据可视化，使得城市人群可以实时获得可视化信息，促进群众参与决策。从对城市温度、湿度等基本环境的感知，到对城市交通路线、城市人群行为的感知，城市作为感知的一部分与人群相互作用，共同促进城市发展。

从空间认知到感官地图

1　空间认知

　　空间认知是人们受到周边环境感官刺激后，通过认识与感知对接收到的信息进行吸收和处理，最终转化为内在心理活动和空间知识，从而影响人行为的过程。该过程即对所处空间的信息进行处理，包括周边环境中地标性建筑、景观、街道设施、声音、光线等环境信息，物体所处的位置、空间分布和依存关系等位置信息以及历史脉络、人文环境等文化信息。针对不同场景、不同维度的空间界面，其中所包含的信息不同，对于该空间认知的方法也有所不同。

2　图解城市

　　图解城市即以图文结合的方式，将城市空间的构成形态、区位关系等要素图像化处理，使人对城市有更加直观的印象。地图作为人类空间认知和空间思维的重要工具，将空间认知的结果进行固化和抽象，从而完成地理信息的视觉表达和信息传递[1]。为了更好地使用地图这一工具，我们需要对地图的诞生和衍生过程进行详细梳理。

① 高俊. 换一个视角看地图[J]. 测绘通报, 2009（1）: 1-5.

2.1　地图发展史

原始社会的人类为了记录猎物移动情况、族群迁徙路线以及目标物体分布等信息，将其描绘于物件载体之上。公元前六世纪的巴比伦世界地图，被认为是目前世界上最古老的世界地图之一[1]。该地图将巴比伦作为整个世界的中心，幼发拉底河穿行其中，城边有诸多河流和城邦。公元前二世纪，埃拉托斯特尼将投影技术和相关几何关系用于地图的绘制之中，创造性地提出经纬线的概念。从此地图上关于位置、方位和距离等空间信息的表达变得更加科学。在接下来的两三个世纪里，出现了一位使地图制图学登峰造极的学者——克劳狄乌斯·托勒密，托勒密结合前人的研究，完善了经纬度制图法和地图投影法，根据天文学和数学知识撰写了他的传世之作——《地理学指南》，由此开创了近代绘图学的先河。

中国作为世界上最早出现地图的国家之一，在世界地图发展史中占有重要地位。裴秀于公元前二世纪绘制的《禹贡地域图》[2]是中国目前可考的最早的历史地图集，其中提出具有划时代意义的制图理论——"制图六体"，即分率、准望、道里、高下、方邪、迂直，分别代表着地图上的比例尺、方位、距离、地形、角度、曲直。坤舆万国全图是中国第一幅带有完整经纬线的彩绘世界地图，大致于1608年绘制完成[3]。其中的地理信息丰富，对于世界各国的省份、重要城市、山川、河流等都有详细的标注。

地图发展史记录了人类从想要认识世界到真正认识世界的演变，地图作为一种体现人类文明的工具，是世界各民族共同

① 龚缨晏.《巴比伦世界地图》：人类最早的"世界地图" [J]. 地图, 2009（4）: 4.

② 高师第. 禹贡研究论集[M]. 上海：上海古籍出版社. 2006.

③ 李兆良. 坤舆万国全图解密[M]. 上海：上海交通大学出版社. 2017.

创造、共同享用的财富，它也在人类的不断进化中逐渐规范化、标准化，以超越文字的形式成为国际交流的重要方式。

2.2 地图种类

地图对于传播有关社会问题的统计数据方面具有重要价值，针对不同描述对象，地图可以揭示其中的空间布局规律。

早期的城市空间地图可以追溯到16世纪，1502年达·芬奇测绘出世界上第一张卫星地图，将客观测量系统引入，精确呈现小镇城市规划关系，第一次使用平面视图而不是当时最常见的透视视图，使地图从传统的象征性转变为更为科学的描述性。19世纪制图学兴起，人们利用地图说明复杂的人口统计数据。最著名的例子是1850年前后由约翰·斯诺绘制的伦敦霍乱疾病地图，通过将死亡人口的家庭住址、伦敦城市水井的位置等信息绘制于地图上，发现霍乱的传播可能与水井或下水道有关，以此反驳了当时流行的空气传播理论。这项研究使地图从纯粹的图形工具转变为一种以图形呈现统计数据的方式，同时也推动城市地图向更加准确、更大规模的方向发展。

时代继续前进，美国和德国的工业崛起，挑战了英国作为世界工业霸主的地位，造成英国出现大范围的失业现象。为探寻伦敦贫困人口增加的原因，社会改革家查尔斯·布斯认为应该运用统计学方法客观分析不同社会类别对贫困的影响情况。他以街区为单位，对4000户家庭进行了详细的研究，并结合制图学知识于1889年绘制完成伦敦贫困地图。该地图确定了物质环境和贫困人口分布之间的空间关系，揭示了街道布局对贫困社区的影响。与此同时，美国社会改革家简·亚当斯以建筑作为分析单位，于1899年研究并绘制了"芝加哥工资地图"。亚当斯在地图上以图形的形式记录居民每周工资分布的物理维度和族裔群体的范围分布，对当时城市的社会空间动态进行视觉分析。19世纪后一个多世纪的时间里，伴随着国际移民的增加，种族隔离作为一种特殊的城市现象成为社会学者们的重要研究对象，一张描绘移民情况的地图正在芝加哥悄然而生。工资地图的数据是在收集工资信息的时候整理出来的。研究者通过使用颜色代码在地图上标示出居住在每个城市不同地段的各民族百分比，可以发现外来移民者大多会选择与其同一国籍或种族的家庭住在一起，由此进一步得出移民群体间的文化差异对城市人口构成存在潜在影响的结论。在20世纪下半叶，社会制图学进入瓶颈期，城市社会地图的数量有所下降，但社会制图学仍越来越多地在各种研究领域中使用。这源于计算机技术、地图制作呈现技术、数据收集技术和地理空间系统的发展，从而衍生出多种地图呈现形式。

20世纪50年代，数字化产业蓬勃发展，促使地图由纸质转向数字表达，由此衍生出了数字化电子地图。电子地图具有信息量大、精确度高的特点，同时具备检索、分析、决策等功能。张铎、李承钢等人通过一体化POI（兴趣点）采集技术对珠海市空间的吸引力进行研究，建立完整的POI数据库，应用于珠海市电子地图的制作中[1]。金钰婷凭借电子地图强大的现实地理复刻能力和独特的定位移动功能再造地方特色，让使用者产生"再地方化"的城市空间感，改变了人们对于城市的认知[2]。电子地图的发展使得相关地理数据得到更好的表达。

① 张铎，李承钢，雷昕，等.一体化POI（兴趣点）采集更新入库技术研究：以珠海市为例[J].信息系统工程，2013（7）：96-97，132.

② 金钰婷.去地方化和再地方化：电子地图与城市地方感研究[D].重庆：西南大学，2019.

随着互联网业务的细分，城市大数据建设也在向智慧化方向完善。数字孪生地图就是现代科技发展的产物，在数字化世界中以多维度的方式进行映射，依据三维空间的综合信息直观表达所需空间的位置信息。易景空间地图（ESMap）推出了一款数字孪生地图，用户进入程序界面初始化参数配置后即可成功创建城市三维地图，并通过自定义天空、路网、水域等项目的特效来达到自己想要的效果。整个操作过程简单易上手且支持在线编辑，相比于其他城市数字孪生地图构建的三维立体场景更大，可解决的城市空间问题更多。

由于无人驾驶技术和物联网的发展，地图在精度方面有了质的飞跃，高精度地图技术成为摄像、雷达、无人驾驶领域的技术关键。与普通导航地图不同的是，高精度地图要求地图的绝对坐标精度更高，其所含有的道路交通等信息元素更丰富。目前，国外高精度地图的主要厂商有Here、TomTom、Mobileye等。其中Mobileye企业实行软件硬件双管齐下的路线，即通过提供芯片搭载系统和计算机视觉算法运行DAS客户端功能为客户提供高精度地图服务。高精度地图的发展空间必将大于传统地图，我们有理由相信随着通信技术和制造业的发展，实现大范围低成本、高精度地图指日可待。

3 感官地图的空间认知

认知地图理论认为人类脑内的神经元系统可以对知觉到的刺激及代码进行组织并自发地以相互联系的方式形成空间认知框架，从而形成空间表象记忆。感官地图是新一代空间认知工具，将人类的五种感官——视觉、听觉、嗅觉、触觉、味觉加以结合利用，伴随

① 刘浩，薛梅. 虚拟地理环境下的地理空间认知初步探索[J]. 遥感学报, 2021, 25（10）: 2027-2039.

② 高子斌. 旧城改造的"五感设计"研究[D]. 青岛：青岛理工大学, 2018.

着实景三维建模、虚实融合、沉浸式感知等技术和装备的发展，进一步提升感官地图的沉浸感和临场感，从而提升使用者的空间认知体验①。

3.1　城市意象

城市意象一词来源于凯文·林奇的同名著作《城市意象》，主要是指以人对城市的感知和印象为主要研究对象，是人们对他们所经历的环境的一些认知和"读后感"，进而在他们的脑海里形成一定的具象比喻体。凯文·林奇最著名的概念是"心理地图"，指的是人对于地理环境信息的感知而产生的印象。根据城市意象五要素——道路、边界、区域、节点、标志物可以绘制出任何一座城市意象的结构。基于这一经典理论，该书是在城市设计领域中较早提出五感及"五感设计"与城市、区域、空间之间存在关联的著述。由此，设计师们开始逐渐重视感官体验对于城市空间感知的重要意义②。

3.2　感官地图

3.2.1　视觉地图

视觉通常被人们认为是五种感官中最通用的感官方式。因此，视觉感知在城市意象形成过程中占据主导地位。视觉地图广泛应用于城市中的人类行为、人口特征、城市规划等方面的研究，通过对不同主题的数据进行可视化处理，为城市决策提供有力论证。

英国城市动力学实验室构建了英国所有基础设施网络的统一

分析地图，他们利用地图作为认知城市的工具，将各种不平等现象进行可视化，调查这些不平等与资本、信贷、就业以及社会和物质基础设施流动之间的关联，以便于帮助城市领导者做出城市决策。除了城市数据分析，视觉地图也可以为用户提供日常使用的需要。Atlas网络空间地图可以帮助用户了解世界各地的城市景观，是一个以图形为表达形式的地图集。这些网络地图可以让使用者在电脑屏幕和全球通信网络线路中欣赏到世界各地的数字景观，以帮助其了解各地旅游信息。

　　3D虚拟模型作为视觉地图的另一种表现形式可以更为直观高效地分析城市问题。美国麻省理工学院城市实验室的"AI Station"项目（图1-15）为了解乘客在车站的移动方式，收集了50万张带

图1-15　AI Station制作过程图

（资料来源：https://senseable.mit.edu/ai-station）

有地理位置信息的车站周边360°全景图像，并建立虚拟实景模型，在此基础上记录乘客在模型中的移动路线，以求找到一定的移动规律。美国麻省理工城市数据设计实验室的"可视化纽约2021"项目作为一个虚拟展览，邀请了纽约市民描述其对于纽约市未来发展的愿景，并将他们的想法进行虚拟呈现，再由来自城市设计、城市规划等各方面的专家共同考虑如何为所有市民构建一个更加美好的纽约城市。

3.2.2　听觉地图

听觉地图即将声音作为研究的对象，利用地图表达有关声音的信息，进而研究听觉、声环境与城市空间之间的相互联系。从整体上考虑人们对于声音的感受，研究积极和消极的声环境对于人们进行空间认知的影响，以此为依据提出具有针对性的城市规划和设计的建议，使人们有机会在城市中感受更加优质的声音环境。

目前最常见的听觉地图为噪声地图，研究者通常将城市中的噪声进行定性、定量分析，从而改善现代城市中噪声污染的现状。美国的SONYC实验室利用噪声传感器监听用户所处环境的噪声情况，将音频进行分析、检索和数据可视化，评定该环境的噪声污染等级，以此作为用户控制噪声计划的依据（图1–16）。为探究新冠肺炎疫情背景下行人对城市公园自然环境的动态音景产生的影响，有研究者使用计算机技术分析行人在城市公园散步时周边环境的音频，以识别人声、街头音乐、自然声音、狗叫声等环境声音的变化。对比新冠肺炎疫情暴发前后公园散步时的环境背景声，使用户探索和体验不同时期、不同地点城市公园不断变化的音景。

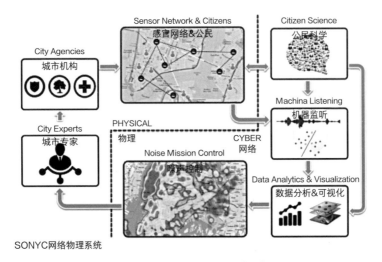

图1-16　SONYC网络物理系统示意

（资料来源：https://research.steinhardt.nyu.edu）

其他有关听觉地图的研究尚且较少，研究的对象也较为单一，更多的是同视觉可视化相结合，从多个维度共同呈现研究成果。麻省理工学院媒体实验室开展了一个名为"A Counting"的专门研究语言的项目，根据美国城市中共计100多种语言和涉及500多人的电话录音绘制出声音地图，以分析美国各地和各种族的语言特点。

3.2.3　嗅觉地图

城市生活中我们随时随地都在被各种各样的气味所包围，空气中泥土的气息、路边的花香、甜品店里的蛋糕香、化工厂的燃气味、人潮拥挤的汗味等，每一种气味都代表着城市生活中的一个场景，都包含着我们对于这个城市的独特记忆。

英国的感官艺术家凯特·麦克莱恩曾带领志愿者对纽约、阿姆斯特丹、爱丁堡等城市中的气味进行调查采样，并绘制了相应的"嗅觉地图"。在她看来，每个城市都有其独特的气味，如一看到纽约就能想到"一种温暖的、微微发霉的酒窖香味"；而阿姆斯特丹则是"混合了运河水、咖啡香和甜华夫饼的味道"。相较于国外研究，国内对于气味的关注主要涉及工业生产或空气污染等方面，鲜少意识到气味对于人类空间感知的重要性。一个比较有意思的实验是2017年清华大学建筑学院龙瀛团队根据北京南锣鼓巷中的气味绘制出的"气味地图"。由15位实验员对南锣鼓巷进行长达75分钟的嗅觉实验，结合地图标注将各自闻到的不同气味进行定义和打分。该研究将城市气味纳入设计研究之中，探讨气味景观对人类进行城市空间认知的积极和消极影响，以达到定义地块主题、提升城市活力、提高市民幸福感的研究目的。

3.2.4　味觉地图

肥胖、高血压、高血脂、高血糖等健康问题频发，人们越发关注饮食与健康方面的问题，良好且充足的城市"食物源"分布能够在提供便捷的城市公共服务的同时培养人们健康的饮食习惯和生活方式。因此可以将食物来源记录在地图上，形成食景地图（味觉地图），总结"食物源"的类型情况和总体分布特征，以帮助人们发现城市设计规划过程中各类食品店对健康生活的影响。

麻省理工学院人类动力学小组旨在利用食景地图来分析食物选择与城市环境之间的关系，通过调查人们一天所接触的食物环境，记录其就餐距离，研究食物环境对食物选择的影响以及客户收入与食物环境间的关联性。由中国工程院宁光院士带领团队完成的一项"中国饮食习惯与代谢病地图"研究，第一次大规模采用了互联网数据来探索中国各地居民的口味偏好与疾病之间的关系。研究显示由于地域差异，人们喜欢的食物也各有偏好，由此发现地方性饮食差异与城市医疗卫生方面的间接关系。

3.2.5 触觉地图

与其他几种感官相比，触觉具有层次性和复杂性，触觉地图主要依靠人体皮肤表面与实物地图相接触来感知其中蕴含的信息。可以是以特定符号和触觉线索为图标，供视障人士触摸而制作的地形图，也可以是指通过传感器产生振动、电击等知觉反馈到人体皮肤表面，以此为媒介接收地图中蕴含的信息。

苏联自20世纪40年代就开始正式出版盲文地图，60年代后西欧及北美各国开始相继编辑并出版一系列触觉地图，由此西方国家开始了对触觉地图的研究。麻省理工学院情感计算实验室的"SEPTA Alerts"项目为改善美国费城行为能力障碍者的公共交通可达性设计了一款手机网络地图应用程序，根据出发地、目的地和当前位置向用户发送最近站点的实时通知，通知可根据不同行为能力的用户定制为听觉音频、视觉图像或触觉震动等模式，以支持能力障碍用户的个性化使用。随着3D打印技术的发展，触觉地图迎来了发展新阶段。2015年芬兰公司完成了Versoteq 3D打印地图项目的试点工作（图1-17），有关专家在大会上展示了该触觉地图通过3D打印能够形成具有城市实体复制品及周边环境的3D模型，为视觉障碍者提

图1-17 Versoteq 3D打印触觉地图
（资料来源：https://hmi-basen.dk/blobs/orig/48681.jpg）

① 刘振东，黄清荣. 触觉地图[J]. 测绘通报，1991（5）: 36-39.

供更好的导航服务提供了可能。

　　国外制作触觉地图技术的引进，促进了我国触觉地图的发展，1987年国家测绘局要求测绘科学研究所开展中国触觉地图集的研制工作。该地图集由120幅地图组成，较为全面地反映了中国人文地理和自然景观各个方面，为视觉障碍者提供了新的学习途径①。

4　结语

　　在"互联网+"的时代，多感官的整合与多维度的表现是未来地图学的研究重点，当今的技术已经彻底改变了地图制作领域。在未来，视觉、听觉、嗅觉、味觉、触觉等感官都可以通过现代技术模拟来实现物理世界中城市空间。

理论　　　　　　　实证

2

思辨

案例

国际城市色彩设计：
东京、纽约、京都

1　视觉感知与城市色彩设计

　　城市色彩与城市空间相辅相成，共同对人的心理和行为产生影响。20世纪80年代后期；人本主义思想在西方流行，对工业革命后现代主义城市规划所导致的一系列社会问题展开了反思。与此同时，从宏观角度对城市色彩问题的研究也开始在全球展开。最初的研究和实践集中在旧城的保护和重建更新上。随着全球化浪潮下地方性保护和环境意识的加强，这个课题日益得到重视，在一些经济水平发展迅速的国家，城市在无控制状态下高速建设带来的色彩面貌失序、千城一面的问题，造成了对城市市民的感官剥夺[①]。在一些较早关注此问题的国家和城市，相应的研究机构应运而生，他们与政府部门协同研究制定了对城市建筑和环境色彩的控制实施政策，以保护地方特定的人文环境，建设统一、协调、良好的城市景观。

2　城市色彩设计的理论研究

　　城市色彩由自然环境色彩与人工环境色彩构成，城市空间中能被感知的土壤、岩石、水系、植被等被称之为自然色彩。

① 王岳颐，李煜. 城市更新背景下色彩规划的困境与改进策略[J]. 城市规划，2017，41（12）：35-44.

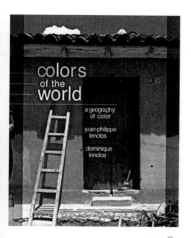

图2-1 《世界的色彩：色彩的地理》[①]

图2-2 《建筑的七盏明灯》[②]

① LENCLOS J P, LENCLOS D. Colors of the world: a geography of color[M]. New York: W. W. Norton & Company, 2004.

② 约翰·罗斯金. 建筑的七盏明灯[M]. 济南：山东画报出版社, 2012.

建筑、街道、广场、公共设施等称之为人工色彩。由此可见，空间是城市色彩的载体，对城市色彩的研究需将空间理论与色彩理论合二为一。

2.1　色彩地理学

20世纪70年代，法国色彩学家让·菲利普·朗克洛与其妻子多米尼克·郎克洛提出"色彩地理学"概念（图2-1）。其理论核心立足于人文地理学视角，强调建筑色彩与地理区位之间的联系，认为地域环境与社会文化环境因素共同构成了城市环境色彩[①]。

2.2　建筑色彩学

建筑作为城市色彩的主要载体，往往是城市色彩的主要研究对象。而建筑师作为建筑的设计者，很早就开始将色彩的运用融入建筑设计之中。18世纪的学者和19世纪的新古典义建筑师认为，希腊建筑由白色大理石构建而成，从而建立灰色、白色或某一个单色的色彩秩序。约翰·罗斯金在《建筑的七盏明灯》（图2-2）中明确提倡使用材料的自然色[②]。1931年，勒·柯布西耶提出"多彩色=快乐"，有意识地通

过色彩强调空间环境。20世纪后半叶开始，
建筑师开始将感知与色彩的关系作为关注

① 滨田纪. 色彩生理心理学[M]. 名古屋黎明
书房株式会社出版社，1989：46-47.

重点，以人性化设计为基本出发点，从色彩对人的心理影响出发，
探讨建筑空间中的色彩运用。

2.3　色彩心理学

　　歌德在其著作《色彩论》中率先提出黄蓝两色的冷暖差异。
20世纪二三十年代，人们对于色彩的研究逐渐从亚里士多德的三
原色学说和奥斯特瓦尔德的实用色彩体系对于色彩本体的讨论，
转变为关注色彩与心理的关系，重点研究色彩的情感效能和色彩
的象征性意义等方面。如红色较为刺激，会引起人血压升高、心
跳加快，给人以热烈、兴奋、激动的感觉；蓝色则给人凉爽忧郁、
理性自由的感觉①。

3　国际城市色彩设计实践

　　国际城市色彩规划的实践要早于理论研究，19世纪初意大利
都灵就已经开展了有关城市色彩控制的实践。20世纪六七十年代，
色彩地理学的创立和环境色彩研究方法的形成为现代意义上的城
市色彩规划奠定了理论与方法基础，促进了20世纪后半叶全世界
范围内广泛的色彩规划实践。同时，欧美一些国家推动的城市更
新运动催生了街头色彩艺术——涂鸦的发展，并促进了街头色彩
管控条例的诞生。进入21世纪以来，经济飞速发展导致了消费主
义盛行；爆炸式增长的商业店招给城市色彩带来治理难题的同时，
也丰富了城市的人文风貌。

3.1　城市色彩与环境调查：日本东京

让·菲利普·朗克洛创建的"色彩地理学"源于朗克洛在日本京都学习艺术的经历。朗克洛创造的环境色彩调查法目标在于发掘一个地区的景观色彩特质，并使其得到直观的表达。具体可概括为四个阶段：（1）确定调查对象。在色彩规划区域范围内选取该区域内最有代表性的实物作为对象，包括自然色彩和人工色彩等一切具有色彩特征的物质。（2）基于调查对象收集色彩信息。主要采用色卡比对、实物素材、摄影或绘画等手段；此外，还通过随机访谈、写生、拍照等方式了解地方风俗以获取更多的色彩信息。（3）对收集的调查资料进行汇总归纳。将搜集到的能够代表所调查区域色彩特征的资料以色彩图例形式展现，归纳出建筑的基调色、点缀色和辅助色，并编辑色谱。（4）进行调研总结，成果通常为文字性的色彩个性报告和展现建筑色彩组合的图谱[①]。

"二战"后，日本经济快速发展，大量的建筑从城市中拔地而起，原有城市色彩的空间格局被逐渐打破，东京遭遇了快速发展带来的"色彩骚动"的问题。1970~1972年，日本东京市政府邀请朗克洛对东京进行全面色彩调研和规划。日本色彩规划中心在朗克洛的指导下，通过细致的调研工作，分析、提取推荐的城市色彩图谱，完成了《东京色彩调研报告》[②]。在此基础上，日本诞生了第一部现代城市色彩规划的专著——《东京城市色彩规划》。该项规划从调查入手，经过分析、梳理，最后提出色彩的区域定位的工作方法，为其后的城市色彩规划提供了范本，越来越多的日本城市加入

[①] 吉田慎悟. 环境色彩规划[M]. 北京：中国建筑工业出版社，2011.

[②] 包晓雯，邱惠英. 国外城市色彩规划实践及其对上海的启示[J]. 上海城市规划，2018（4）：115-118.

图2-3　日本东京城市风貌

（资料来源：https://uceap.universityofcalifornia.edu/study-abroad-in-japan/life-in-tokyo-japan?f%5B0%
5D=city%3A117&f%5B1%5D=country%3A29）

到色彩规划实践中，如京都、宫崎、神户、川崎等[1][2]。1992年日本建设厅提出了"城市空间的色彩规划"法案，详细规定了色彩专项规划设计作为城市规划或建筑设计的最后一个环节，必须由专家委员会批准才能生效（图2-3）。

　　2004年6月，日本国会通过了《景观法》。该法对日本城市整体良好景观和色彩的形成有着重要的推进作用，是一部以保护并创造美丽、富有活力的自然环境和城市环境为目标的国家大法。该法共有7个章节，从宏观层面对城市整体景观的规划和管理的工作方法、基本程序、执行机构、惩处措施等进行了严格的规定。在《景观法》引导之下，日本各地纷纷展开了景观规划、色彩规划的编制工作，如《札幌景观色彩70色》《东京都景观色彩导则》等[3]。

① 王占柱，吴雅默. 日本城市色彩营造研究[J]. 城市规划，2013, 37（4）: 89-96.

② 赵思毅. 城市色彩规划[M]. 南京: 江苏凤凰科学技术出版社，2016: 31-38.

③ 王占柱，吴雅默. 日本城市色彩营造研究[J]. 城市规划，2013, 37（4）: 89-96.

3.2　街头色彩与城市更新：美国纽约

　　20世纪中期，美国政府发起"城市更新运动"，对城市中的贫民窟进行有计划、有目的地拆迁重建，以便让城市功能体系更好地为经济与社会发展服务。这一措施的初衷是鼓励大规模的私人重建并抑制中产阶级向郊区的大量迁移，从而刺激财政，重振城市中心。然而，在实际操作中，本应该为穷人建造公用住房的住宅用地被私人承包商用来建造繁荣的商业区、办公楼和豪华公寓，从而造成了严重的城市绅士化现象[①]。

在此背景下，在纽约布鲁克林区等地出现了大量墙头涂鸦。这些早期涂鸦并无特别含义，大多是街头青年帮派为争夺地盘，用来宣称主权或者传达信息的产物。而后，随着纽约涂鸦不断向市中心、商业区和富人区蔓延，原本用于宣称地盘的帮派涂鸦逐渐转为底层贫民的表达工具，流露出了草根青年对城市空间阶层分化的不满（图2-4）。街头涂鸦作为一种视觉文化现象，因其显著的表达特征，逐渐成为青年人群争夺话语权、空间资源的重要媒介之一[②]。

20世纪70年代初期，涂鸦病毒蔓延式地非法侵入公共空间，城市管理者与涂鸦者之间的矛盾日益升级，媒体也开始报道城市涂鸦问题，但此时的态度基本上以批评为主[③]。许多人认为这些乱七八糟的涂鸦是贫民区、少数族裔地区的标志，加上涂鸦本身来自帮派斗争，自然又与暴力犯罪勾连在一起，不可避免地引起公众恐慌。由于涂鸦数量激增侵犯到了中产阶级的利益，城市管理者开始介入。于是，在城市建筑外墙上进行涂鸦创作越来越难，涂鸦者们不得不寻找新的城市"画布"，移动的地铁车厢便成了他们的新目标[④]（图2-5）。

涂鸦与车厢的结合、与流动的城市环

① 蒋晓娟. 纽约"城市更新"研究1949—1972[D]. 上海：华东师范大学，2011.

② 刘润，杨永春，任晓蕾，等. 国外城市涂鸦研究进展与启示[J]. 人文地理，2018，33（5）：19-28.

③ 曾羽. 20世纪纽约城市"涂鸦"变迁[D]. 杭州：浙江大学，2020.

④ 孙艺萌. 纽约地铁涂鸦艺术中的文化政治[D]. 杭州：中国美术学院，2014.

图2-4 纽约曼哈顿下东区的涂鸦
（资料来源：https://en.wikipedia.org/wiki/Graffiti_in_New_York_City#/media/File:Graffiti_Lower_
East_Side.JPG）

图2-5 1973年在纽约市地铁车上贴上大量涂鸦
（资料来源：https://www.flickr.com/photos/usnationalarchives/3769852722）

境的融合推动了涂鸦从签名到画作的艺术化转型。地铁涂鸦的艺术化发展在为草根青年赋权的同时，也对城市当局的政治权威造成了威胁，围绕着公共表达权的归属问题，纽约市政府在1970～1990年发起了两次"反涂鸦运动"，通过颁布法律、军事化管控等方式，试图传达出政府部门对城市公共空间的占有态度；加上媒体的大肆宣传，涂鸦者在地铁和城市建筑外墙进行涂鸦越来越难①。

1989年，大都会运输署宣布"地铁无涂鸦"，被视为市政管理的一次重大胜利。可事实上，地方政府的策略非但没有压制住任何东西，反而只是把涂鸦从地铁系统中释放出来，迫使它寻找新的城市空间继续发展，由此推动了合法"涂鸦墙"的出现。这一合作形式启发了政府放弃单一的打压对策，有限度地允许涂鸦者在限定区域内创作。随着合法涂鸦墙越来越多地出现，涂鸦者开启了在固定地点进行绘制和传播的实践，这些更加精美、规模化的涂鸦画作与特定地方融为一体，成为城市景观的一部分，并发展出了独特的街道艺术②。

此时，涂鸦者为了确保他们的审美传统得以延续，又重新回到了墙壁上。不同于初期的随性书写，成熟的涂鸦艺术者开始追求更精致的绘画形式，他们接受主流价值观，遵守城市当局的相关规定，以便为自己的创作换取空间资源和社会认可，由此在1989年之后"合法涂鸦"迅速兴起（图2-6）。随着涂鸦的艺术价值逐渐被大众熟知，一些私人业主开始接受户外涂鸦，通过协商、合约、口头承诺等方式，为涂鸦者提供一些他们拥有所有权的建筑外墙

① 杨叙. 纽约市治理城市涂鸦及其精细化管理的经验与启示[J]. 城市管理与科技, 2012, 14（1）: 76-80.

② 姚文彦. 当代美国的"涂鸦"文化[J]. 世界文化, 1997（3）: 9-10.

图2-6 纽约的合法涂鸦墙涂鸦

（资料来源：https://www.runstreet.com/blog/best-nyc-street-art-to-run-by）

用以创作，这个做法启发了政府转变治理逻辑：与其耗费资金清理涂鸦，不如让涂鸦者在限定区域内创作。于是在纽约市布朗克斯区、布鲁克林区等涂鸦底蕴深厚的地区，出现了一批官方许可、私人运营的"合法涂鸦墙"（如涂鸦名人堂、布什威克集体等地）。这些固着在特定地点的涂鸦创作，吸引了游客观赏，最终与建筑一起发展成为城市中的文化景观和旅游胜地[①]。

通过纽约个案，我们可以发现涂鸦艺术已经开始影响城市建设。作为一种公共色彩艺术，其丰富的城市视觉语言已被应用于许多城市再生项目中。当涂鸦艺术与城市文化融合在一起成为新设计风格时，其文化内涵反映了城市的历史和地点特征，这种融合是地域性在空间与时间层面相结合的体现，对地方重塑、城市再生具有重要意义[②]。

① 赵战，刘宁. 文化空间的争夺：涂鸦是怎样变成一门艺术的[J]. 文化发展论丛，2017，2（2）：215-229.

② 朱晓婷. 涂鸦艺术地位转变与城市响应关系研究[D]. 合肥：合肥工业大学，2020.

3.3　设施色彩与治理管控：日本京都

　　同样在"二战"之后，经济复苏促使消费水平不断提升，人们开始重视户外店招广告所带来的视觉效应。美国建筑师文丘里在《建筑的复杂性与矛盾性》一文中谈及新兴建筑形式的兴起时，惊叹户外广告形象给建筑带来的新的色彩[1]。随后又在《向拉斯维加斯学习》中表达了对户外店招广告的认可："拉斯维加斯的建筑都是沿城市干道建造并呈条状发展，到处是高悬的广告牌，炫目的霓虹灯，以及赌城的巨大商业诱惑都是吸引大众的文化影响。在这样的社会中，已经没有什么比广告的霓虹灯更值得推崇和表现的了。"店招的存在，是实体店商家宣传推广的直观名片，能够迅捷、简明、精准地向顾客介绍本店的经营性质与类别。但也由此衍生出了一些市容市貌乱象，久而久之，乱象转化为"城市顽疾"，亟待规范与治理。

　　日本人多地少，因此在城市的闹市街头，户外广告几乎是寸土必争，形成了上下、前后、左右立体的广告层次（图2-7）。据统计，单位面积节点的店招数量与密度，日本城市都堪称世界之最，广告已然成为日本城市街道空间的重要因素。形形色色的店招作为城市街道亮丽的风景线，也成为无数摄影师和画手的创作灵感来源之一。

　　日本城市街道店招看似是任意发展，实际上早在1949年就制定了《户外广告法》。由于土地制度以私有制为主，为了更好地管理户外广告，《户外广告法》对广告设置区域和物件的位置、规格、比例、色彩、光源等均制定了

① VENTURI R. Complexity and contradiction in architecture: selections from a forthcoming book[J]. Perspecta, 1965(9): 17.

图2-7　日本京都街道店招

（资料来源：https://www.goodfon.com.wallpaper/iaponiia-gorod-kioto-ulitsa.html）

严格的要求。各级地方政府紧随其后，依据区域文化特色颁布一系列地方法律，如京都市《户外广告物条例》、东京都《东京都景观色彩导则》等。其主旨内涵紧紧依附于现有城市景观规划方面的大方向，并与建筑、文物保护和生态建设等领域的法规相辅相成，共同指引着城市规划和建设的方向，确保了城市景观的统一和协调①②。

　　日本东京都对于店招色彩的要求细化到具体的数值指标，色彩的控制采用的是色相及彩度指标，不同的色相对其彩度最大限度地进行了相应的规定，这样保证整个东京都的店招色彩都控制在一定彩度之

① 鞠阿莲. 日本东京都户外广告和牌匾标识的设置管理规范[J]. 城市管理与科技, 2021, 22（1）: 69-73.

② 姚亮. 日本户外广告牌匾标识管理见闻与启示[J]. 城市管理与科技, 2018, 20（2）: 87-89.

① 真荣城德尚. 日本《景观法》及户外广告规划管理研究[D]. 上海: 同济大学，2008.

② 邓凌云，张楠. 浅析日本户外广告规划与管理的经验与启示[J]. 国际城市规划，2013，28（3）: 111-115.

下，也确保店招能够与环境色及建筑墙面色彩相协调。日本的户外广告采用行政许可与登录审批制度，具体由景观管理部门负责审批。行政许可审批时侧重从美学角度对店招的位置、形式、规格、色彩等进行审核，注重店招与街道环境的协调关系。登录审批则侧重对店招经营主体进行登记与审查，确保经营者为合法主体，并承担可能由店招产生的内容、安全性等方面的不良后果。同时，《户外广告法》规定对于不符合法规的广告物经营主体处以相应的罚款甚至是 1 年以下有期徒刑。日本对于广告管理的严格程度可见一斑。此外，还针对特别管制区灯光不得使用诸如红色、黄色等做了规定，同时对于离地面多高以上的广告不得使用光源和闪烁灯也有规定①②。

日本的户外广告规划与管理施行多年，产生了良好的空间环境效果，视觉上几乎没有景观污染，提升了城市的品质。

4 　启示

4.1 　城市色彩：构建城市色彩数据库，分区设立城市色彩法规体系

城市色彩数据库的构建不仅是重要的基础性工作，更是城市色彩设计需要解决的关键问题。结合现代城市精细化管理的要求，统筹自然环境、城市空间、历史文化等要素，应抓紧开展城市色彩图谱的基础研究，建立城市色彩DNA数据库，为后续的色彩规划、建设和管理提供依据。

4.2   街道色彩：公私合作，引导街头色彩艺术有序发展

作为一种图像呈现与公共展示，街头涂鸦以创意自由表达涂鸦者所理解的城市、社会和生活。城市管理者可以利用涂鸦作为视觉文化和公共艺术对城市环境的积极影响，将其作为一种城市视觉空间干预策略激活公共空间、丰富城市环境、构建城市特色和场所特色，发挥涂鸦艺术在城市物理空间构建中的关键力量。如委托涂鸦艺术家创作大型涂鸦壁画以推动旧城复兴和城市再生，提供塑造城市形象、改变城市景观的契机。同时发挥涂鸦艺术作为公共艺术实践的公共性，创造对话空间以传达出某种观念、情感或事件，唤起社会的关注和思考，并形成公众话语权、促进公众参与，有利于培养公众的审美感知力，提高公众对艺术的认可度和理解能力。

4.3   设施色彩：特色挖掘，控制街头店招色彩精准使用

店招色彩涉及城市公共空间的美观与否，是体现城市风貌特色的重要手段，应将其尽快纳入管控体系之中。在设计中需考虑广告店招的个性交融；借助店招的多样化设计提升街道、城市的整体美学效果。同时利用精美的店招色彩设计促进城市消费，提升空间品质。

国际城市声景设计：
安特卫普、布莱顿、罗马

1 传统城市设计的听觉感知缺位与索诺鲁斯项目（SONORUS）①的城市声景设计

随着城镇化进程的不断加速，城市空间在日常生活中扮演着越来越重要的角色。科学技术的发展使得人们与世界的联通更加密切，但以身体感官去体验真实世界的需求却并未因此而减弱，反而产生了前所未有的需求。传统城市设计主要基于物理空间实体，聚焦城市空间的构成界面，强调城市形态对居民生活的构建作用，考虑视觉作为人与环境互动的主要媒介②。而从人类感官途径来看，视觉、听觉、嗅觉、味觉和触觉五感共同构成人类感受③。听觉作为仅次于视觉的第二感知方式长期被建成环境领域忽视，导致现代城市的交通噪声、人群噪声等声景规划管理不善问题威胁着所有城市居民的健康和福祉④。在此背景下，城市声景设计逐渐受到学界重视。

声景理念可以追溯至20世纪初，芬兰地理学家约翰内斯·加布里埃尔·格拉诺

① SONORUS：在拉丁语中意为响亮的、作响的、与"aquarius"（宝瓶座）意义相似。在古罗马时期，"aquarius"指水系统技术专家，是生活质量的代名词。如今的"声环境"也具有类似意义。

② 王建国. 城市设计[M]. 北京：中国建筑工业出版社，1999: 1-3.

③ GERRIG R J, ZIMBARDO P G. Psychology and life[M]. 20th Edition. Pearson, 2012: 72-74.

④ YANG T. Association between perceived environmental pollution and health among urban and rural residents: a Chinese national study[J]. BMC Public Health, 2020, 20(1): 1-10.

在其著作《纯粹地理》中，结合景观地理学研究首次提出了声景理念，用以区分声音研究（Sound Study）与噪声研究（Noise Study）。

20世纪60～70年代，加拿大西蒙弗雷泽大学教授雷蒙德·默里·谢弗及其研究团队对声景展开了开创性的理论与实践研究。谢弗在1977年出版的《世界之律调》一书中提出声景是一种强调个体或社会感知方式的声音环境[1][2]。

随着20世纪末期的环境心理与行为研究热潮，城市声景研究逐渐受到关注，并在建成环境、人文地理、旅游经济等方向分别进行了深入研究。欧洲各国也先后进行声景研究与设计，例如积极声景计划，声景健康计划，声景可视化地图绘制等。

21世纪以来，欧洲以汽车为主导的现代主义城市饱受交通噪声污染的困扰，为城市空间塑造美好的声音景观成为居民的迫切需求，也是学界、政府面临的巨大挑战。在此背景下，由欧盟委员会资助的SONORUS项目得以发起，并吸引一众欧洲城市、大学、企业、研究机构加入。该项目旨在联合研究机构、企业与公共组织，以真实城市空间为实验场所研究城市声景规划方法，并以城市声景规划为主题培养跨领域研究人员，支持城市克服噪声问题，维持可持续发展。

索诺鲁斯项目（SONORUS）在2012年发起，2016年结束。与此前的声景研究项目不同，该项目在项目伊始便确定了研究与实践相结合的城市声景设计路径。为期四年的时间里，分别在比利时安特卫普、意大利罗马、英国布莱顿等城市进行了不同尺度城市空间的声景研究及设计实

① SCHAFER R M. The tuning of the world: toward a theory of soundscape design[M]. Philadelphia: University of Pennsylvania Press Philadelphia, 1980.

② PIJANOWSKI B C, FARINA A. Introduction to the special issue on soundscape ecology[J]. Landscape Ecology, 2011, 26(9): 1209-1211.

践。本书在此部分将依次介绍索诺鲁斯项目（SONORUS）的四个城市声景设计研究实践案例，以期为我国城市声景设计研究提供借鉴。

2　欧洲索诺鲁斯项目（SONORUS）的城市声景设计过程

2.1　设计过程

索诺鲁斯项目（SONORUS）认为城市声景设计目的是为城市空间确定并创造适合的声音景观，设计过程涉及目标空间全体使用者的利益分配问题。所以，设计时首先需要在目标空间的长期愿景或现场调研中找到其所需的声音景观特征，制定匹配的目标声景引入方案或现有声景抑制方案。然后进行选定方案的实验模拟，使用分析模型进行实施情况的前置评估。若评估效果良好，则确定实施方案，将提案交给政府，同利益相关方深入商讨。

2.2　确定目标声景——从宏观愿景到微观感知

国际标准化组织（ISO）将声景定义为个人或社会在某一环境中感知和理解的声音，可以为城市设计、社区营造、遗产利用、环境保护等建成环境领域的不同方面作出贡献。所以，确定城市空间目标声景特征必须在其宏观总体定位与微观实际感受中考量，多种因素综合考量后确定的城市声景目标也更易实现。

2.3　定义声学策略——引入声景或控制声景

确定声景干预目标后，就需开始制定声学策略以实现目标声景，并通过测量实际场景、模拟虚拟场景两种前置评估手段测算改善状况。索诺鲁斯项目工作组认为城市声景规划设计中可采用的声学策略主要为控制现有声景、引入匹配声景两种。控制现有声景通常为消除场所噪声。所以，噪声控制技术是声景干预中控制现有声景的必要工具，可以应用于声源和接收位置之间的传输路径。

无法通过噪声控制技术充分降低环境噪声时，需要引入声景对噪声进行掩蔽。掩蔽技术分为音量掩蔽与注意力掩蔽两种。音量掩蔽指通过引入的自然声或人工声（电声装置）以音量优势覆盖噪声。注意力掩蔽通过引入使用人群偏好的积极声音，吸引其注意力，减少噪声感知。目前，已有研究显示一些景观元素（如水或植被）的可见性对声景感知具有积极影响。

2.4 确定设计方案——不同方法的组合使用

在实际场景中，单个策略往往不易实现设定的声景目标，一般需要不同策略和解决方案的组合使用或迭代优化。例如，靠近繁忙公路的城市公园的声景目标是"听到树叶沙沙作响"，而设计策略是通过大力掩蔽车辆噪声，则可以为此设计合适的喷泉水景与树木植被。设计方案的概念则需要城市设计师发挥其创意。

3 索诺鲁斯项目（SONORUS）的城市声景实践

3.1 比利时安特卫普里维伦霍夫公园

里维伦霍夫公园占地132公顷，是比利时安特卫普最大的城市公园。其北侧为N12公路，南侧为E313公路，东侧为门鲁格维尔德大道，公园中又有一条高架公路穿过，四条繁忙的交通道路为公园使用者带来了严重的噪声困扰，导致公园使用情况不佳（图2-8）。

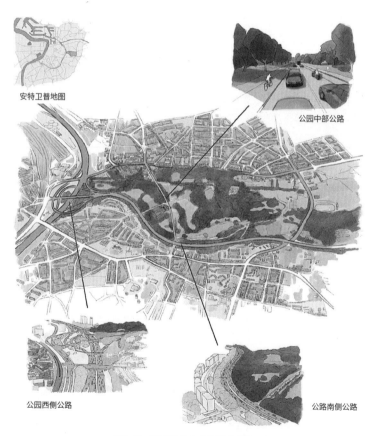

图2-8　里维伦霍夫公园区位特征

（资料来源：KROPP W, FORSSEN J, MAURIZ E. Urban sounnd planning: the
SONORUS project[R]. Chalmers, 2016.）

　　索诺鲁斯项目工作组首先依据客观录音数据采集与主观问卷
调查绘制了公园中各条路径的噪声地图（图2-9）；发现公园西、南
两侧路径具有高噪声环境。基于此，项目组选择公园西南的主要
路径——斯里克希非艾利和霍夫特温省街（以下简称为：设计路
径）进行布局研究探索，并提出了新的道路布局设计方案。最后
利用VR设备验证新方案的有效性，并将其纳入当地政府规划之中。

图2-9　里维伦霍夫公园噪声地图

（资料来源：KROPP W, FORSSEN J, MAURIZ E. Urban sounnd planning: the
SONORUS project[R]. Chalmers, 2016.）

设计路径改造前布局为车行道两侧分别布置自行车道和人行道。项目工作组认为这种布局降低了行人安全性，并割裂了公园空间。同时，直线形道路提高了车辆速度，因而增加了绿地中部的交通噪声。在规划阶段，必须采用更合理的交通流线布局，缓解道路交通产生的问题，提高行人安全，减少交通噪声排放，提高城市绿地质量。基于此，工作组提出了以下解决策略：分置车道、人行道与自行车道；减少车道数量，将交通流分配至公园周边的其他道路；采用镇静措施降低交通速度，如在道路上设置减速弯（减速弯可降低交通速度，同时避免道路的线形感觉，维护公园的视觉完整性）；添加多孔路面材料；在道路两侧附近设置植被屏障。

为寻求最优解，工作组设计了单车道、双车道两组场景，每组场景下又设置垂直隔声屏障、斜向隔声屏障两种方案（图2-10）。对每个方案进行声学测算，以评估不同方案的效果差异。结合不同的噪声消减措施，单车噪声可减至24.7分贝，行人噪声可减至30分贝；取缔一条行车线可减少约3分贝；将车速由每小时50公里减至每小时40公里可降低整体噪声水平约2.7分贝；将车速由每小时40公里减至每小时30公里，可再减少约3.1分贝；把骑单车者及人行道移离声源，可分别减少约7分贝及17分贝。植被覆盖的表面只有在大型绿色表面吸收部分声音时，才可减少远距离的噪声。对于距离道路17米处的行人，可减少约6.5分贝。对骑自行车的人来说，增加一个低垂直屏障可以减少约6分贝，但对行人几乎没有影响。倾斜屏障在所有情况下都比垂直屏障减少得更多。

实际交通布局——双车道

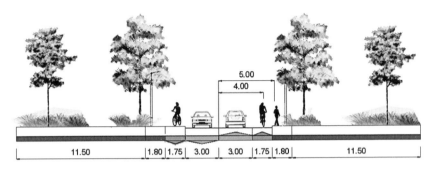

场景1（双车道）

垂直屏障

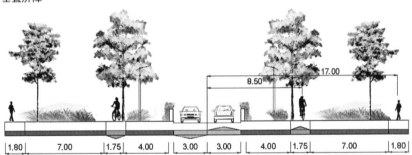

倾斜屏障

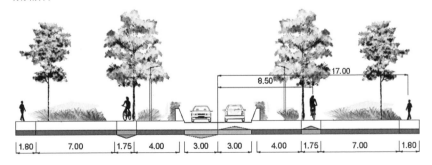

图2-10 设计实验方案

（资料来源：KROPP W, FORSSEN J, MAURIZ E. Urban sounnd planning: the SONORUS project[R]. Chalmers, 2016. ）

场景2（单车道）

垂直屏障

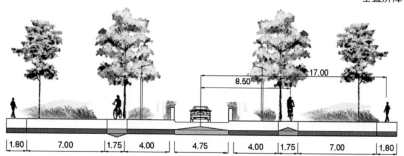

| 1.80 | 7.00 | 1.75 | 4.00 | 4.75 | 4.00 | 1.75 | 7.00 | 1.80 |

倾斜屏障

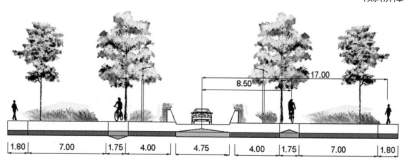

| 1.80 | 7.00 | 1.75 | 4.00 | 4.75 | 4.00 | 1.75 | 7.00 | 1.80 |

图例

▬ 机动车道　　▬ 自行车道　　▬ 人行道　　▬ 植被

单位：（m）

3.2 英国布莱顿霍夫山谷花园

布莱顿霍夫是英国的海滨度假胜地，拥有25万居民（图2-11）。旅游产业与夜间经济促进了布莱顿霍夫的城市发展，但过度的噪声对居民活动造成了极大影响。山谷花园位于布莱顿霍夫市中心，其规划愿景为将此地区打造成为一个有吸引力、灵活、安全的空间，以成为布莱顿霍夫的核心区域，增加城市索诺鲁斯项目工作组公园周围的两条城市主干道产生的噪声问题使场地沿线的绿地使用率极低。除噪声外，还存在慢行环境不佳等问题。所以，需对场地进行重新设计，以改善公共空间环境。在此项目中工作组制定的声景设计目标为将声音作为一种宝贵的资源，而不是设计拙劣地区的废物。所以需在减少干扰性噪声的同时引入积极的声音。

为了减轻交通噪声的负面影响，市议会计划通过将私人交通移至东侧，将公共交通留在西侧，并减小车道宽度修改交通布局。这一举措可能对公园声环境产生重大影响，因此索诺鲁斯项目组对政府规划场景及其他场景进行建模比较。

工作组首先分析了当前道路交通噪声水平及山谷花园中的声音环境（图2-12）；依据分析结果，绘制了山谷花园区域详细的道路交通噪声图，从声学指标和个人感知角度描述山谷花园声环境。声学指标测算方面，工作组研究区域内布置了55个接收点并根据道路交通噪声计算（CRTN）方法进行计算，使用噪声预测软件CadnaA建模。在政府规划场景中，已经提出了六种噪声缓解措施，工作组评估了六种措施对声环境的改善情况。个人感知测算方面，工作组招募了21名志愿者进行了声景漫步实验。被试者被要求在公园的八个特定地点聆听声环境两分钟并填写结构化问卷。根据收集的数据

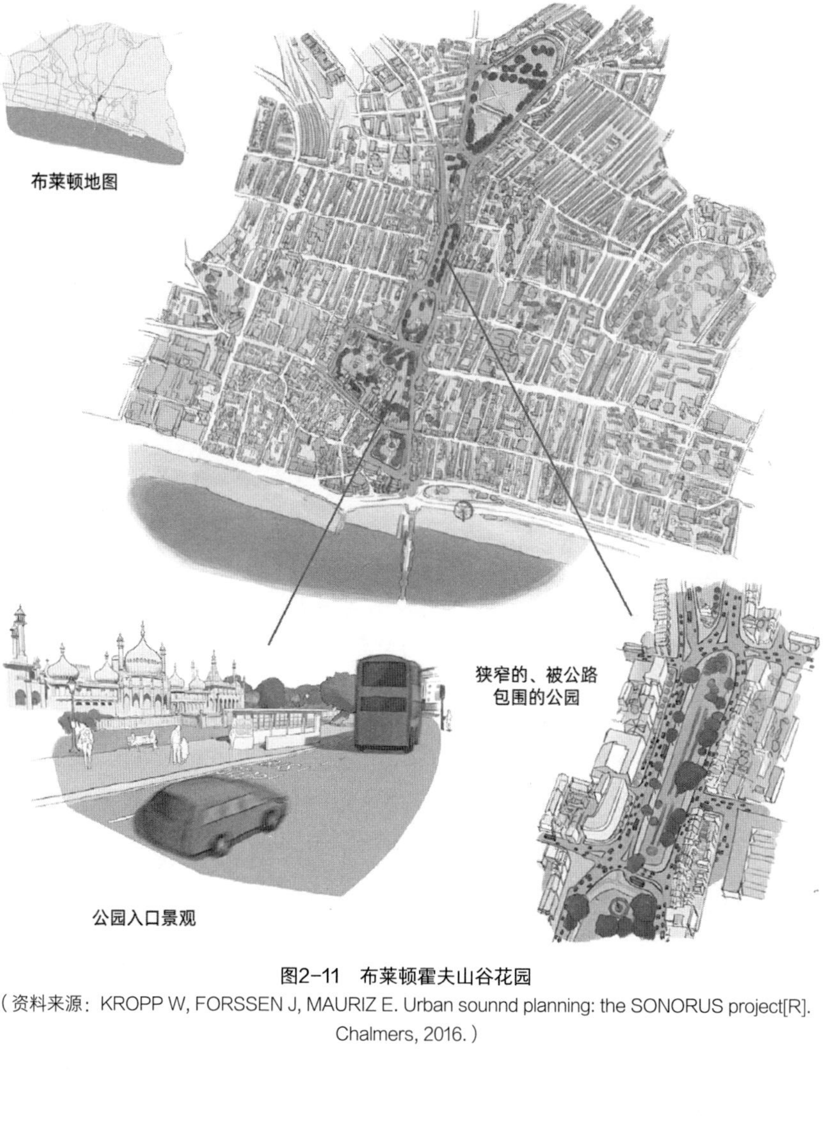

布莱顿地图

狭窄的、被公路
包围的公园

公园入口景观

图2-11　布莱顿霍夫山谷花园

（资料来源：KROPP W, FORSSEN J, MAURIZ E. Urban sounnd planning: the SONORUS project[R].
Chalmers, 2016. ）

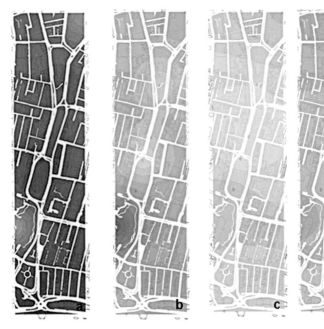

图2-12　山谷花园中声环境分析[①]（作者改绘）

可以看出，道路交通噪声源在该地区占主导地位，"人群的声音"和"个人的声音"得分较低，这表明整个公园没有人类活动。该区域不被视为户外休闲或聚会活动的场所。

　　由此，工作组提出了一种不同的声景策略，目的是在交通噪声降低不易实现的地点实现听觉掩蔽。他们比较了山谷花园十字路口记录的交通噪声片段与覆石平台行走的声音片段，发现行走路径材料的声级有可能超过现场记录的典型道路交通噪声（图2-13）。因此，他们提出以下改造方案：将行走路径改变为覆石材料以掩蔽交通噪声并融入恢复性声景设计。

① KROPP W, FORSSEN J, MAURIZ E. Urban sounnd planning: the SONORUS project[R]. Chalmers, 2016.

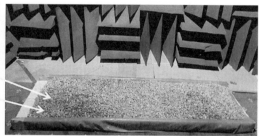

图2-13　覆石材料与行走路径

（资料来源：KROPP W, FORSSEN J, MAURIZ E. Urban sounnd planning: the SONORUS project[R]. Chalmers, 2016.）

3.3　意大利罗马广场地区

罗马是欧洲人口最密集的城市之一。斗兽场和罗马广场在罗马城的中心形成了一个巨大的历史风貌区，是世界上最重要的考古遗址之一，每年有600多万游客参观。在该地区，新地铁线路帝国广场（Fori Imperiali）站的建设活动目前正在进行（图2-14）。

该区域嵌入罗马的城市结构中，周边有繁忙的道路和高度的人类活动，已被划入罗马第一声学等级区域（高度保护的环境，其中安静是其使用的基本特征）。但由于道路交通流量（2000~2500辆/小时，重型车辆占15%）导致该地区经常出现65分贝以上的LAeq（等效连续A声级）[①]水平。所以，罗马市政府近年来一直在采取行动，期望降低噪声水平。

为了了解、重视、保护、保存历史建筑群，工作组确定了此地区的声景设计目标：（1）提高户外空间的质量和吸引力；（2）遗产保护与开发间取得平衡；（3）确保该地点作为城镇遗产的重要组成部分与环境和谐地融合在一起，促进城市的社会、文化和经济发展；（4）促进

① 等效连续A声级：是一个用噪声能量按时间平均方法来评价噪声对人影响的评价量。

斗兽场
观景区域

罗马地图

暴露在交通噪声中的
罗马历史建筑区东侧

图2-14　罗马广场地区
（资料来源：KROPP W, FORSSEN J, MAURIZ E. Urban sounnd planning: the SONORUS project[R].
Chalmers, 2016.）

公众参与，考虑所有利益相关者；⑤从声学的角度，评估影响该地区声环境的因素。

　　为实现声景设计目标，工作的工作框架分为四个阶段：数据采集、数据分析、结论分析、建议提出。数据采集包括对技术和历史文献的研究以及现状声景的测量和调查活动。第一部分旨在研究人们的感知，包括实地调查罗马论坛和帕拉廷内外的声音环境；第二部分是通过声音漫步、交通计数、交通声音记录和人口密度评估确定不同的噪声来源。此部分中，通过固定位置的视频登记进行交通统计，同时拍摄照片以计算人口密度。为了分析声源的分布情况，进行了问卷调查。正如预期，问卷填写者认为目标区域视觉吸引力较大，但声景环境不佳。通过与噪声来源调查

进行对照发现，图2-15中2、3和4区主要声源为交通噪声，可以采取传统的噪声控制措施；而1区的主要声源为人群噪声，需从

① KROPP W, FORSSEN J, MAURIZ E. Urban sounnd planning: the SONORUS project[R]. Chalmers, 2016.

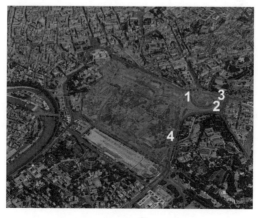

图2-15　研究分区①（作者改绘）

注意力掩蔽方向入手改善游客的声景印象。

最终，工作组向市政当局提出的建议包括将声景设计纳入城市更新战略，包括考古遗址周边的声音景观特征，帝国广场地铁站、帝国广场站和圣格雷戈里奥街道以及马克西姆广场；设定专用步行街和车辆减速措施降低交通噪声。索诺鲁斯项目罗马实践的提案要求对该地区的规划更新进行综合性统筹。超出常规的噪声控制措施、增强场景信息传达或安静区域设置都有利于降低目前的高噪声水平，培养该地区的艺术和历史价值。

4　启示

4.1　声景设计纳入规划设计考量

城市声景设计与传统的噪声控制不同，声景注重感知，而不是仅注重物理量；考虑积极正面的声音，而不是仅考虑噪声，将声环境看作资源而非废物。20世纪60年代国外学者就已经进行声景定义，而国内的声景研究还处于初级阶段。以索诺鲁斯项目为例，欧美等国的城市声景研究及设计实践已经开始出现，我国应借鉴其先进经验，积极将听觉感知纳入城市设计考量范围，开展城市声景研究实践，为高质量城市人居建设贡献力量。

4.2　创新的城市声景设计工具应用

索诺鲁斯项目依托其研究人员的多学科背景，在为期四年的研究过程中，建立并开发了多项城市声景设计工具，并在实践中不断检验优化。其一系列创新工具告诉我们，城市声景设计需从量化角度开发应用模型以应对研究实践中的解释性、预测性需求。

4.3　创立城市声景研究学术组织培养复合人才

　　城市声景问题之复杂非单一学科可以将其解决，其内容涉及建成环境、人文地理、环境心理、数字交互等多领域，可借鉴索诺鲁斯项目的多学科架构，设立专门研究机构统筹各领域资源，培养可以应对复杂城市声景设计研究问题的复合人才。

4.4　城市声景研究应拥抱新技术、迎合新需求

　　研究方向上，虽已有研究证实城市声景的恢复性效应，但其作用机制及不同声景的效应结果差异仍然未知，需进一步探讨。研究方法上，此前多数城市声景研究受限于数据获取难度大、周期长、跨部门数据流通性不强，多基于问卷调查与生理测量进行少量个体的主观偏好研究。未来，大数据与算力提升将带来城市声景的研究范式变革，应鼓励进行基于新技术、新方法的城市声景研究。

国际城市可玩空间设计：
哥本哈根

　　城市居民的心理健康问题普遍存于各年龄层中。作为公共生活的载体，城市环境与居民的日常行为联系紧密，对其身心健康有着重要影响。玩耍可有效预防和缓解心理疾病，尤其在后疫情时代，可玩城市空间塑造的意义更加深远。从建筑到街区，从街区到城市，居民可玩的城市空间应随着空间尺度的进阶而丰富。丹麦哥本哈根从20世纪初开始建设小型儿童游戏场，如今发展到综合性的超级公园，对可玩城市空间的探索有着丰富的经验。基于空间理论，梳理哥本哈根可玩城市空间的发展脉络，以尺度进阶的视角归纳不同空间尺度上可玩城市空间的设计要点，从不同维度分析其营造案例，为我国可玩城市空间的发展提供一些参考和研究的基础。

　　城市居民的心理健康问题普遍存于各年龄层中。《健康中国行动——儿童青少年心理健康行动方案（2019—2022年）》[①]指出，我国儿童青少年心理行为问题发生率和精神障碍患病率逐渐上升，已成为重要的公共卫生问题。心理学研究表明[②]，玩耍可有效预防和缓解心理健康疾病。对于儿童和青少年群体，玩耍是其成长过程中不可或缺的一部分。对于成年人，玩耍也具有释放情绪和缓解压

① 国家卫生健康委. 关于印发健康中国行动——儿童青少年心理健康行动方案（2019—2022年）的通知[EB/OL].（2019-12-26）[2021-08-10]. http://www.nhc.gov.cn/jkj/tggg1/201912/6c810a8141374adfb3a16a6d919c0dd7.shtml.

② GRAY P. Play as a foundation for hunter-gatherer social existence[J]. American Journal of Play, 2009(1): 476-522.

力的作用。随着老龄化进程加速，社区和居家养老的比重逐渐增加，适合老年人活动的可玩城市空间也更加被需要。城市作为公共生活的载体，其环境与居民的日常行为联系紧密，对人的身心健康有着重要影响。好的城市空间不仅可以丰富城市居民的日常生活，还有助于改善心理疾病引发的健康问题。尤其在后疫情时代的大背景下，可玩城市空间塑造的意义更加深远。

1　可玩性及可玩城市空间

事实上，哥本哈根早在19世纪就开始了儿童游戏场这一可玩城市空间的早期实践。从最初只设在狭窄街道、房前屋后空地，到深入城市、在公园中划定区域，哥本哈根初期阶段的儿童游戏场逐渐从住房走向城市。到20世纪丹麦"游戏场地协会"正式提出"儿童游戏场"概念后，唤起社会各界对其的关注以及修建的热情。仅哥本哈根，到20世纪中叶，儿童游戏场就从20世纪初的8处增加到200处。20世纪80年代后，哥本哈根儿童游戏场的发展开始与城市公园绿地系统建设，城市改造和更新项目，以及成人休闲、娱乐、健身及文化等活动场地相融合。哥本哈根对可玩城市空间的探索，从儿童游戏场逐渐过渡到功能混合、全年龄层可玩的城市公共空间（图2-16）。

2　可玩城市空间尺度的进阶

尺度作为空间标尺，可衡量界定城市空间与人的关系。李道增在《环境行为学概论》中，以微观空间、中观空间、宏观空间三

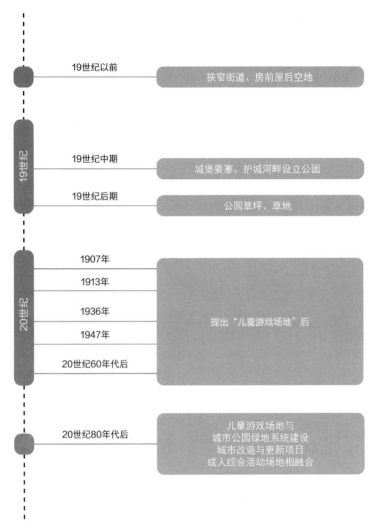

图2-16 哥本哈根儿童游戏场建设的发展历程[①] (作者改绘）

---

① 杨滨章. 执着的探索，丰硕的成果——丹麦儿童游戏场地发展的历程与启示[J]. 中国园林，2011, 27 (5): 45-49.

图2-17　建筑、街区和城市空间尺度示意

种尺度归纳人的环境行为[①]；胡正凡等在《环境心理学》中提到，城市空间依照人的行为体验可分为建筑、街道、城市三个层次[②]。综合以上研究，可以把城市归纳为建筑、街区、城市三种尺度，三种尺度上的空间彼此联系、相互影响并不断进阶（图2-17）。

梳理哥本哈根可玩城市空间的建设历程不难发现，其在不断探索的过程中，空间的尺度逐渐扩大，适用的人群逐渐多元，承载的功能逐渐混合。最早通过儿童游戏场的建设，在建筑周边置入点状空间，使儿童和青少年基本上可以就近玩耍。城市更新进程中，哥本哈根提倡绿色出行，基于线性空间构建自行车道网络，打造联络街区的景观桥梁。而后随着社会环境更加多元，哥本哈根开始致力于城市超级公园的建造，具有极高包容性和丰富度的城市公共空间辐射式地可同时满足不同人群的玩耍需求。

2.1　随处可见的游戏场

丹麦政府和社会历来重视儿童游戏场地建设。哥本哈根于1961年成立了宗旨为保护儿童的游戏权利，促进儿童游戏场地发展的"国际游戏联合会"（IPA），使儿童游戏场地的规划与设计工作步入正轨和规范[③]。点状空间具有规模小、建造成本低等特点，除了在城市体系中针灸式地置入建筑周边，其空间设计也注重互动性、冒险

① 李道增. 环境行为学概论[M]. 北京：清华大学出版社，1999：25-94.

② 胡正凡，林玉莲. 环境心理学[M]. 第3版. 北京：中国建筑工业出版社，2012：321-335.

③ 杨滨章. 快乐的天地，成长的乐园：丹麦儿童游戏场地设计艺术探析[J]. 中国园林，2010，26（11）：57-62.

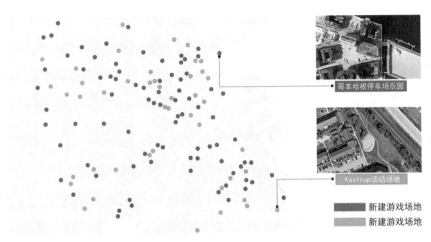

图2-18　哥本哈根儿童游戏场分布图示① (作者改绘)

性和益智性等特征，并尽可能考虑与其他家庭成员的需求相结合，与周围环境相融合，为孩子提供接触自然的可玩城市空间。20世纪以来，哥本哈根点状游戏场的建设已经发展为以居民小区场地为基础、公共场地为骨干和机构附属场地为补充的城市体系，其类型依据修建方式主要分为新建游戏场地和改建游戏场地（图2-18）。

哥本哈根停车场乐园①。位于哥本哈根诺德海文（Nordhavn）新区港口的一座停车楼，设计师通过两条巨型楼梯穿插其中，楼梯上的钢制扶手延绵而上，在屋顶转化为秋千、单杠和攀爬架等面向儿童、青少年的运动游乐设施，创造出一个具有活力和特色的屋顶可玩空间。同时，一系列种植槽挂于立面之外，在上下楼沿途增添了丰富的绿色景观。站在屋顶，除了运动与嬉戏，也可以眺望远方来去的船舶，或者俯瞰壮观的哥本哈根港口全景（图2-19）。

① JAJA Architects. 哥本哈根停车场乐园 [EB/OL]. (2017-01-22) [2021-08-10]. https://www.gooood.cn/park-and-play-by-jaja-architects.htm.

图2-19　哥本哈根停车场乐园
（资料来源：https://www.gooood.cn/park-and-play-by-jaja-architects.htm）

卡特鲁普（Kastrup）活动场地[①]。在20世纪80年代格特帕肯（gterparken）居民区和地铁轨道之间的废弃工地，设计师利用陡峭的坡形场地，铺设便于孩子攀爬而上的绿色橡胶地面，新种植的混合草种可以引发孩子们探索自然的好奇心。同时，通过增设不同种类的活动设施，创造一个儿童、青少年和成年人可以同时进行游戏、运动等活动的可玩空间（图2-20）。

① 杨滨章. 执着的探索，丰硕的成果：丹麦儿童游戏场地发展的历程与启示[J]. 中国园林，2011，27（5）：45-49.

图2-20　卡特鲁普活动场地

（资料来源：https://www.gooood.cn/activity-landscape-kastrup-by-masu-planning.htm）

2.2　系统连续的自行车道

哥本哈根作为世界上第一座"自行车之城"，有超过67万辆自行车，数量是机动车数量的5.6倍[1]。骑行文化在这座城市深入人心，超过62%的居民会骑车上班、上学，孩子们大多在5岁左右就可以自己骑车在街道上玩耍[2]。自行车道网络的建设始终是哥本哈根城市规划与更新的重点之一。近年来，哥本哈根的自

[1] The Bicycle Account 2016&2018[R]. Copenhagen: The City of Copenhagen Technical and Environmental Administration, 2019.

[2] 杨·盖尔，孙璐. 人性化的城市：哥本哈根的经验与启示：杨·盖尔访谈[J]. 北京规划建设，2018（3）：186-196.

① DISSING+WEITLING Architecture. 哥本哈根蛇形自行车道[EB/OL]. （2018-06-20）[2021-08-10]. http://www.archdaily.cn/cn/896543/ge-ben-ha-gen-she-xing-zi-xing-che-dao-dissing-plus-weitling-architecture.

行车道从主路渗透到支路，所覆盖的街区不断增加。线状空间具有延展性和渗透性，自行车道路网络不仅给青少年和成年人提供骑行运动场所，也作为城市景观游历线路，沟通起街区之间的联系，提升整座城市的故事性与观赏性。其类型根据沿街景观条件主要分为绿色自行车道路和非绿色自行车道路（图2-21）。哥本哈根的自行车道通过路缘石和高架处理，不受行人及机动车干扰，独立性强，安全性高。同时车道设置灵活，受用地的限制程度小，方便与其他交通站点及公共建筑物衔接，可达性好，便捷程度高。

哥本哈根蛇形自行车道①。蛇形自行车道高于海平面6~7米，全长190米。桥表面涂有明亮的橙色，提供清晰的视觉导向。桥梁的内置照明可使其在夜间保持明亮，保证骑行安全，同时也作

Inderhavnsboren大桥

哥本哈根蛇形自行车道

图例
绿色自行车道

图2-21　哥本哈根自行车道网络图示

（资料来源：参考https://www.sohu.com/a/322280110_468661，作者改绘）

为视觉元素丰富该地区的夜间整体景观。
桥下空间在雨天可提供良好的庇护。除此
之外，蛇形自行车道还会定期举办骑行比

① 李忠东. 雄伟壮观的哥本哈根骑行桥：哥本哈根17处自行车天桥隧道之一[J]. 中国自行车，2020（2）：57-59.

赛，为城市居民尤其是儿童青少年的生活增添娱乐活动，成为居
民使用率颇高的可玩城市空间（图2-22）。

　　因德哈文斯伯文大桥（Inderhavnsboren）①。这座仅供自行车
和行人通过的桥梁长达160米。桥梁分为5个跨度，在长为48米的主
区域两侧各有两个长为28米的部分，净宽为7米，其中3米宽的区域
由人使用，4米宽的区域则被细分为两条双向自行车道，为城市
居民提供一个海上骑行游乐场地，享受运动乐趣的同时可以观赏海
景。为了适应气候和海上交通，桥梁为开放式设计，桥面能够随
时延伸或收回，形成不同场景和景观模式的桥面状态（图2-23）。

图2-22　哥本哈根蛇形自行车道
（资料来源：https://www.archdaily.cn/
cn/896543/ge-ben-ha-gen-she-xing-
zi-xing-che-dao-dissing-plus-weitling-
architecture）

图2-23　Inderhavnsboren大桥
（资料来源：https://www.archdaily.cn/cn/896543/ge-ben-ha-gen-she-xing-zi-xing-che-dao-dissing-
plus-weitling-architecture）

2.3　多元包容的超级公园

　　作为全球最宜居的城市之一，哥本哈根很早就开始对城市公共空间展开可玩改造。从建设儿童游戏场出发，到不断架起一座座自行车桥，哥本哈根可玩城市空间的探索随着城市的更新与发展逐渐聚焦在大尺度的面状空间上。与城市绿地、工业旧址和不同类型的活动场地建设相融合，形成多元、包容的城市公园。不仅在空间上囊括点状空间的灵活性、线性空间的连续性等特征，所服务的人群也不再局限于儿童和青少年，包括成年人、老年人以及残疾人等群体都得到了尊重（图2-24）。

　　超级城市公园（Superkilen）[①]。公园长0.8千米，以楔形插入哥本哈根北桥区一个种族多样化的居住区，为周边社区居民提供活动和休憩的公共空间。色彩在这个公园中扮演重要的角色，围绕不同的主题，公园被划分为三个色彩鲜明的区域，分别具备运动、集会和休憩等功能：红色广场放置多样的运动游乐设施，为相邻的

[①] 董立新，董奕彤. 公园多元化设计分析：以哥本哈根Superkilen公园为例[J]. 内蒙古林业，2017（12）：24-26.

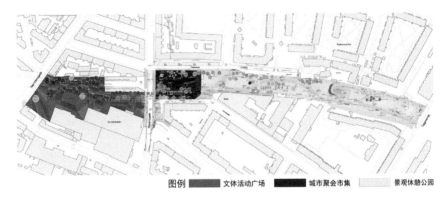

图例 ▮▮▮ 文体活动广场　▮▮▮ 城市聚会市集　▮▮▮ 景观休憩公园

图2-24　哥本哈根超级城市公园平面图示
（资料来源：http://www.archdaily.cn/cn/601230/chao-ji-xian-xing-gong-yuan-slash-topotek-1-plus-
big-architects-plus-superflex?ad_source=search&ad_medium=search_result_all）

体育馆提供延伸的文体活动空间；作为城市客厅的黑色市集是当地
人天然的聚会场所；而绿色公园通过自然景观与运动场地结合的方
式，提供了一个集野餐、散步、运动为一体的综合休闲场地。值得
注意的是，超级公园的基础设施是结合不同尺度的空间特点而设
置。围合点状空间置入不同类别的游乐、运动设施；利用线性元素
形成绵长连续的健身、景观步道；通过铺设草坪、地势起伏与涂料
区分不同功能区域，形成独具特色、功能混合的面状可玩城市空间
（图2-25）。

　　哥本哈根可玩城市空间的发展随着时间的推移在不同空间尺度
中形成不同的特征。从只有散点式的游戏场，到逐渐形成自行车网
络，再到开始建造城市超级公园。从建筑到街区，从街区到城市，
尺度的不断扩大，使城市空间的形态不断变化；同时，也不断丰富
了哥本哈根可玩城市空间的营造经验（图2-26）。

图2-25　文体活动广场（1-5）、城市聚会市集（6-7）和景观休憩公园（8-9）
（资料来源：http://www.archdaily.cn/cn/601230/chao-ji-xian-xing-gong-yuan-slash-topotek-1-plus-
big-architects-plus-superflex?ad_source=search&ad_medium=search_result_all）

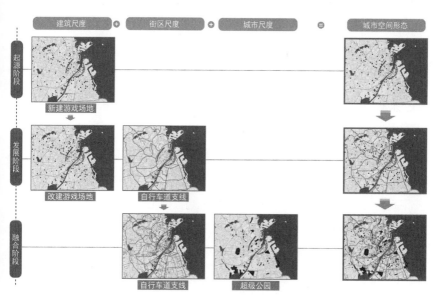

图2-26　哥本哈根可玩城市空间时空关系模式图

3　基于尺度的可玩城市空间多维分析

基于空间尺度从建筑、街区到城市上的变化，尝试分析哥本哈根可玩空间在不同维度上的差异，列举和比较分析的结果，以期在营造方面得到更为具体的认知和理解，用来完善和健全我国可玩城市空间营造的方法体系。

以设计手段分析，哥本哈根可玩城市空间在建筑、街区及城市层面分别以针灸式、路径式及综合式的方法进行塑造。以针灸式的方法介入建筑周边，建立"建筑—可玩空间—建筑"的互动关系，修建区域小、施工成本低，多结合建筑改造、城市更新项目进行。通过路径串联街区，在城市中构建相联结的街区关系，并依托自然景观设置，形成具有逻辑性互动网络和具有景观性的观赏路径。综合式的设计手段整合城市资源，涵盖多种空间特征和城市要素，形成大尺度可玩公共空间，在城市中同时承担不同角色，满足多种城市功能。

哥本哈根可玩城市空间尺度进阶的概念也体现在点、线、面空间形态方面的变化中。"点、线、面"源自平面构成，康定斯基在包豪斯任教期间，对"点、线、面"元素的抽象解读奠定了其从平面向空间发展的基础[①]。此后，勒·柯布西耶、彼得·沃克等大师都曾在各自作品中运用。哥本哈根在可玩城市空间的探索中，针灸式介入建筑周边的儿童游戏场，通过围合设立点状空间；以路径串联不同街区间的自行车道是典型的线性空间；综合型的超级公园则以面状空间形成较大的公园规模并覆盖更广的服务范围。

在适用人群方面，从面向青少年儿童

① 康定斯基. 康定斯基论点线面[M]. 罗世，魏大海，辛丽，译. 北京：中国人民大学出版社，2003.

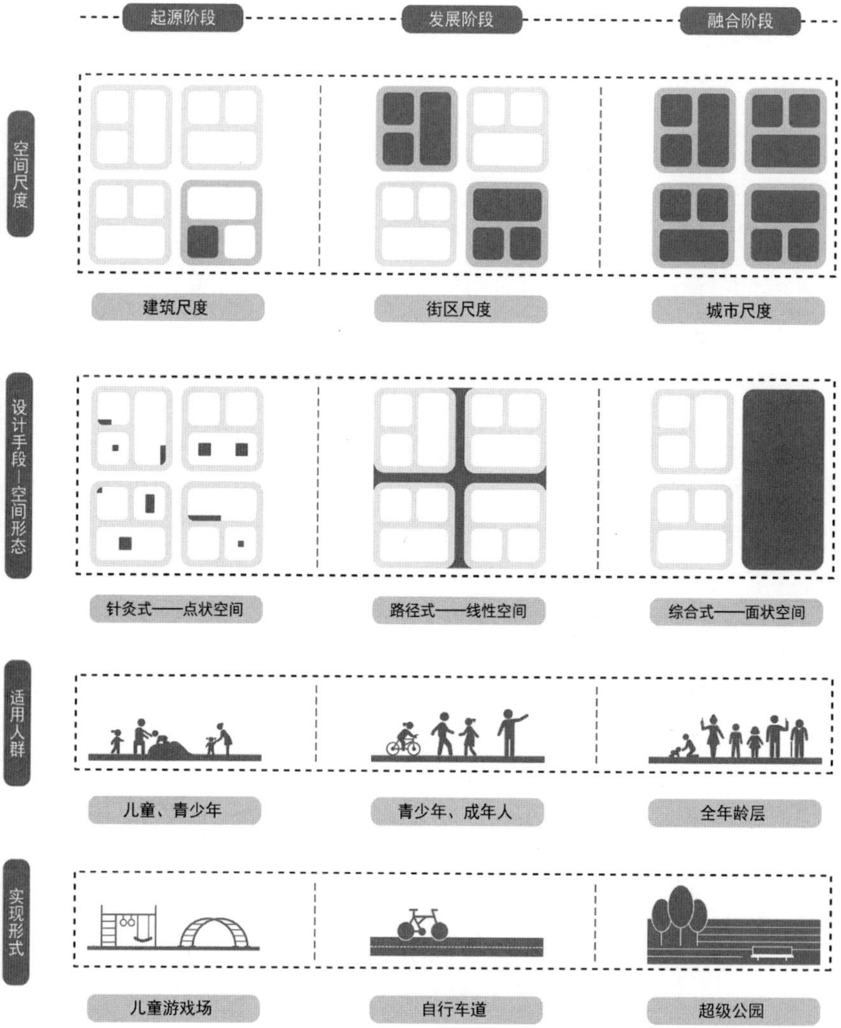

图2-27　哥本哈根可玩城市空间多维分析图示

设置的游戏场到多为青年和成年人使用的自行车道，再到对全年龄层开放的超级公园，哥本哈根在可玩城市空间建设方面，随着尺度的进阶，适用人群也逐渐多元和包容。点状空间设置游乐设施为儿童青少年在建筑周边创造随处可见的游戏场地；线状空间创造具备游历体验的自行车流线，为青年和成年人提供可以跨越街区，系统的骑行运动场所；面状空间形成规模较大的城市广场和公园，满足各年龄层群体同时进行公共活动的需求。

综上所述，对于哥本哈根的可玩城市空间，无论是从设计手段上分析其介入城市的方法，还是观察其在空间形态上的图形语言，抑或是判断其所满足和服务的适用人群，可以得出一个不变的结论：在不同维度上哥本哈根可玩城市空间的差异均归因于尺度的变化。如果把空间看作是我们走进城市、感知城市的媒介，尺度便是衡量空间、体验空间的标尺。因此，基于尺度对哥本哈根可玩城市空间的多维分析十分必要。不仅可以帮助使用者更好地了解和认知城市，在不同尺度的可玩城市空间获取更佳的体验感；也可以为城市的建设者和设计者提供一些策略层面的参考，为尺度差异下的城市更新和可玩城市空间的塑造积累可以借鉴的经验（图2-27）。

4   结语

从建筑、街区，再到城市，观测尺度进阶的背后首先应凸显规划视野的落点。建筑尺度以针灸式介入，通过区域围合形成点状空间，主要以游戏场的形式表现。街区范围内由路径串联形成线形空间，构建纵横城市的自行车道网络。而城市尺度以综合多种空间特征及城市要素的方式，聚焦面状空间，在城市中形成如超级公园等大尺度公共活动区域。尺度不断进阶的同时，适用人群与空间相对应。从面向儿童的游戏场到全年龄层适用的超级公园的过渡，也是哥本哈根可玩城市空间从单一化逐步向多元发展变化的过程。

面向未来：城市的展望。于环境的营造，哥本哈根可玩城市空间的发展提供了一些借鉴。不同空间尺度对应不同的设计手段、空间形态以及适用人群等特征，在城市中具有不同的定位，承担不同的角色。于城市的发展，可玩空间的塑造深化了城市存在的价值和意义。从城市自身来说，不仅提升了公共空间面向公众的活力；在心理健康层面，可玩城市空间虽不能完全作为治疗城市居民心理疾病的"药"，但其能够起到有效的预防和缓解作用，一定程度上规避健康人群引发此类疾病的危险。

本书基于空间理论，以尺度进阶的视角梳理哥本哈根可玩城市空间的发展脉络，归纳不同空间尺度哥本哈根可玩城市空间的设计要点，从不同维度分析其营造案例，为我国可玩城市空间的塑造提供一些参考和研究的基础。

理论　　　　　　　案例

3

思辨

实证

北京"嗅·味"：可感知的北京

北京"嗅·味": 可感知的北京

1 "嗅·味"——感知城市的新视角

人们总是通过自己的五感对城市建立最直观的印象，而非建筑师、规划师的技术描绘。一些描绘的城市，实际上并没有描绘般美好；一些自生的城市，看似毫无控制，却生机勃勃，韧性十足。

然而，当研究者们谈到城市感知时，都不约而同地将目光聚焦在视觉体验上。诚然，视觉是人最重要的信息感知通道，但其他感官的缺失，不免让城市感知不够立体。杭州不仅有西湖，还有秋季时随处就能闻到的桂花香；厦门不仅有鼓浪屿，还有弥散午夜的海鲜烹煮味；成都又有不用看就能感受到的麻辣。

提到北京，研究者们的确对其他感官的作用变得无感。北京"嗅·味"刻意远离视觉，专注"味"这一不好描述的感知体验。利用POI和地图技术，用城市设计的语言分别对北京的嗅觉和味觉做可视化呈现，展示一个不同的可感知的北京。

2 北京的"嗅·味"体验

在城市中，除了眼力所及的视觉印象，嗅觉和味觉也是城市感知的重要途径。人们总有一些共同的经验，路过一个鲜花店，不免会感叹花香四溢；走到夜市，烟火气未尝不让人垂涎；经过发廊，即使没有注意（看见），也会被或浓烈或清新的香气吸引。好吃好喝的味蕾体验更不必说。这些非视觉的城市感官与视觉一起共同呈现了一座座鲜活的城市。专注城市的嗅味体验，可以为深刻感知城市提供一个不一样的角度。

我们通过问卷调查、实地调研和文本分析等多种手段，筛选出7种与生活相关的正向嗅觉体验，包括茶香、酒香、面包香、花香、果香、饭香、发香，与之相对地将臭味、烟味等消极嗅觉体验统称为异味，形成8种嗅觉类型。同时，针对不同的饮食体验，归类出8种不同的典型味觉场所，包括冷饮店、甜品店、蛋糕店、咖啡厅、酒吧、中餐厅、外国餐厅、快餐厅。在北京城区范围内，依据嗅觉类型和味觉场所遴选出91251个城市兴趣点（POI）。通过对这些城市兴趣点的空间落位和图形描述，可以一窥北京"嗅·味"感知的特点。

总体而言（图3-1～图3-18），北京城区的嗅觉和味觉分布相对均衡，并未出现极其稀少或非常稠密的区域。虽然均衡但并不完全均匀，也存在不同区域嗅觉和味觉分布疏密的差异，这种差异呈现出3个总体趋势。第一、北京全城老城区嗅味体验最为集中，向城市周边逐渐稀疏；第二、城市每个城区都有至少1个较为集中的嗅味体验区域；第三、东部城区嗅味较为密集，西部城区相对稀疏。以上3点勾勒了北京嗅觉和味觉的总体分布特征。如果在北京想要有丰富的嗅味体验，不妨多去东城区和朝阳区走走。

北京不同城区都有的嗅味体验密集区域，虽然其嗅味体验都很密集，但体验组合却各有特色。

北京气味地图
BEIJING

气味图例

- ● **茶香**
  茶艺馆、茶叶店等散发香气

- ● **酒香**
  酒吧、酒馆等散发香气

- ● **面包香**
  糕点、面包等散发香气

- ● **异味**
  公共厕所、卫生间等散发香气

- ● **花香**
  花店、香氛店等散发香气

- ● **果香**
  水果店等散发香气

- ● **饭香**
  中餐厅、快餐厅等散发香气

- ● **发香**
  理发店、护发沙龙等散发香气

气味密度

整体密度半径500米

● 气味来源——店铺POI

图3-1　北京气味地图

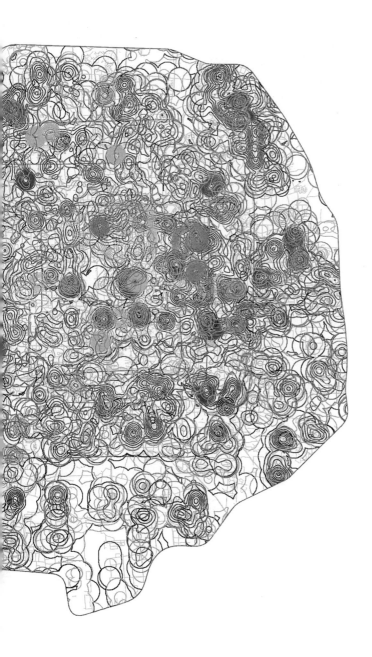

图3-2　北京茶香地图

图3-3　北京花香地图

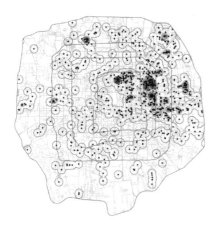

图3-4　北京酒香地图

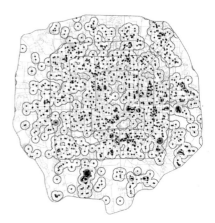

图3-5　北京果香地图

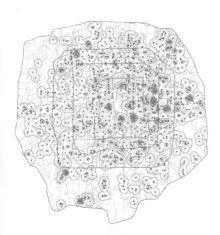

图3-6　北京面包香地图

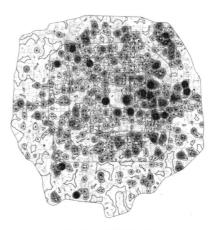

图3-7　北京饭香地图

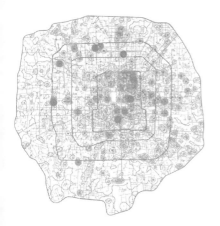

图3-8　北京异味地图

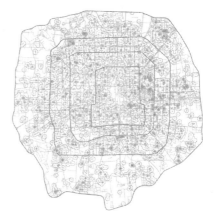

图3-9　北京发香地图

北京味觉地图
BEIJING

气味图例

- **冷饮店**
  售卖冰淇淋等冷饮的店铺

- **甜品店**
  售卖甜甜圈等甜品的店铺

- **糕饼店**
  售卖面包、点心等糕饼的店铺

- **咖啡厅**
  售卖咖啡的店铺

- **酒吧**
  售卖酒的店铺

- **中餐厅**
  售卖中式菜品的餐厅

- **外国餐厅**
  售卖国外餐品的餐厅

- **快餐店**
  售卖小吃、快餐等的餐厅

店铺密度

整体密度半径500米

●味道来源——店铺POI

图3-10　北京味觉地图

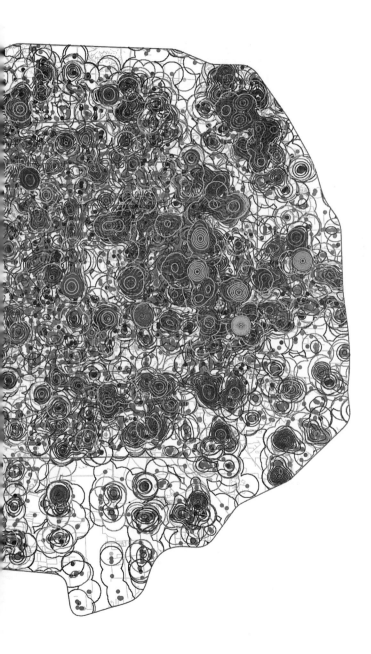

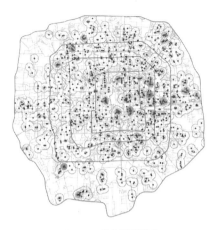

图3-11 北京糕饼地图

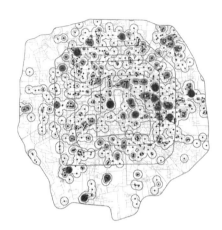

图3-12 北京冷饮地图

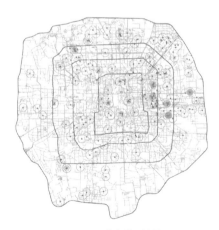

图3-13 北京甜品地图

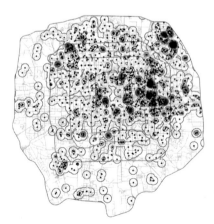

图3-14 北京咖啡地图

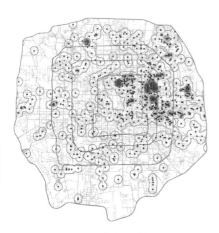

图3-15　北京酒吧地图

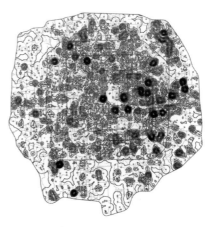

图3-16　北京中餐地图

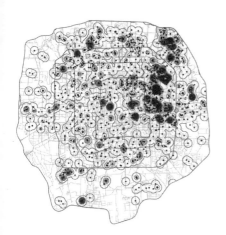

图3-17　北京外餐地图

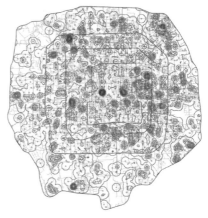

图3-18　北京快餐地图

2.1　工人体育场

　　工人体育场的嗅觉体验分布整体呈东南部密集、西北部稀疏的态势。发香、饭香、酒香和异味分布最为密集，在东南部较为集中；茶香、果香、花香、面包香分布较少，也在东南部存在明显集中点。

　　工人体育场的味觉场所分布情况整体呈东南部密集的态势。味觉场所中的酒吧、中餐厅、咖啡厅、外国餐厅、快餐厅分布密集，大体集中于东南部；糕饼店、甜品店、冷饮店分布较少，集中分布于场区内的东部和南部（图3-19～图3-36）。

北京气味地图
BEIJING

工人体育场

气味图例

- ●**茶香**
  茶艺馆、茶叶店等散发香气
- ●**酒香**
  酒吧、酒馆等散发香气
- ●**面包香**
  糕点、面包等散发香气
- ●**异味**
  公共厕所、卫生间等散发香气
- ●**花香**
  花店、香氛店等散发香气
- ●**果香**
  水果店等散发香气
- ●**饭香**
  中餐厅、快餐厅等散发香气
- ●**发香**
  理发店、护发沙龙等散发香气

瓜果蔬

理发

气味密度

整体密度半径500米

●气味来源——店铺POI

图3-19　工人体育场地区气味地图

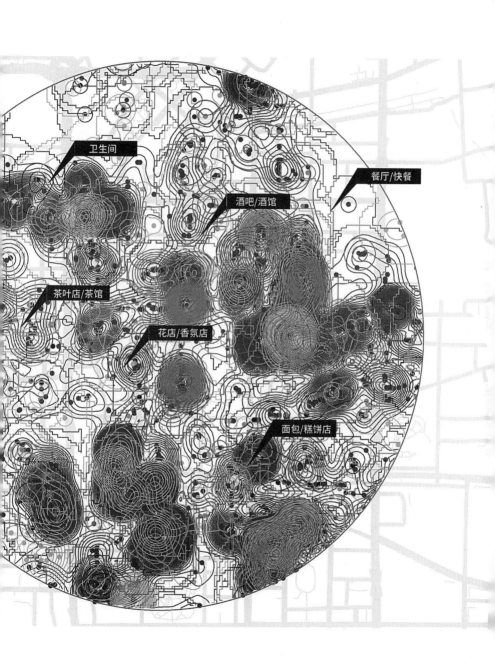

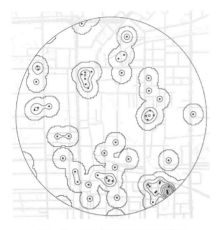

图3-20 工人体育场地区茶香地图

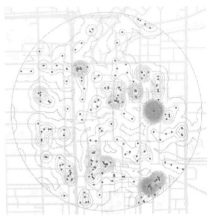

图3-21 工人体育场地区发香地图

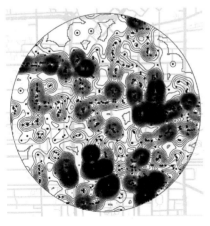

图3-22 工人体育场地区饭香地图

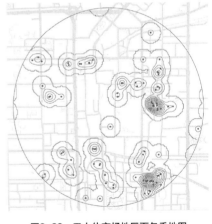

图3-23 工人体育场地区面包香地图

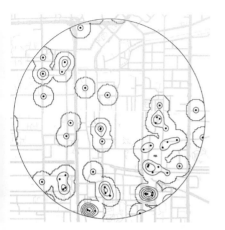

图3-24　工人体育场地区果香地图

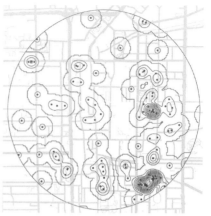

图3-25　工人体育场地区花香地图

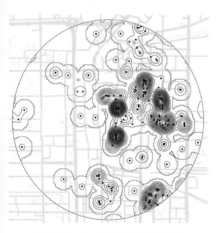

图3-26　工人体育场地区酒香地图

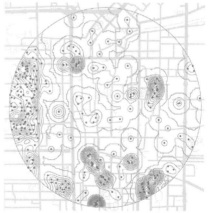

图3-27　工人体育场地区异味地图

北京味觉地图
BEIJING

工人体育场

味道图例

- ● **冷饮店**
  售卖冰淇淋等冷饮的店铺

- ● **甜品店**
  售卖甜甜圈等甜品的店铺

- ● **糕饼店**
  售卖面包、点心等糕饼的店铺

- ● **咖啡厅**
  售卖咖啡的店铺

- ● **酒吧**
  售卖酒的店铺

- ● **中餐厅**
  售卖中式菜品的餐厅

- ● **外国餐厅**
  售卖国外餐品的餐厅

- ● **快餐店**
  售卖小吃、快餐等的餐厅

店铺密度

整体密度半径500米

● 味道来源——店铺POI

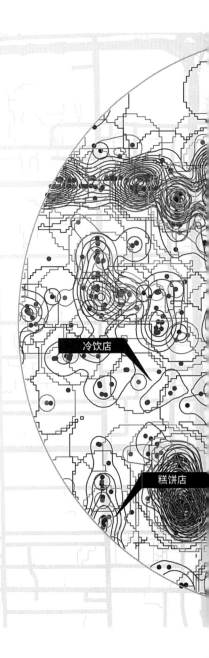

图3-28 工人体育场地区味觉地图

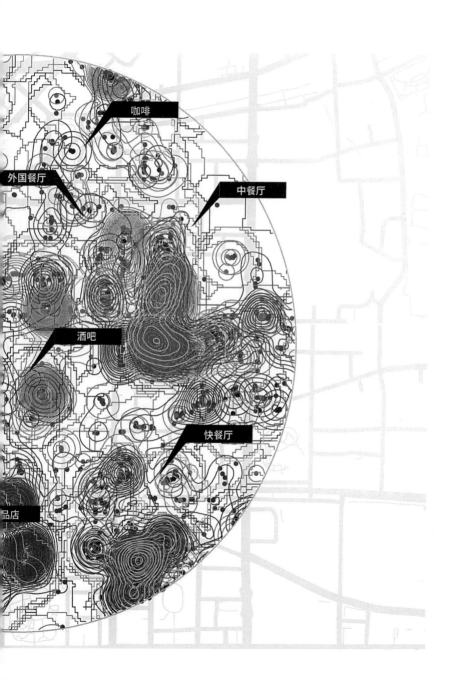

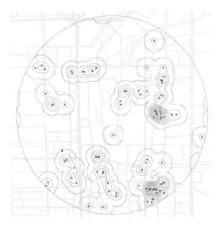

图3-29 工人体育场地区糕饼地图

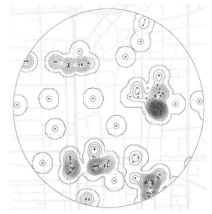

图3-30 工人体育场地区冷饮地图

图3-31 工人体育场地区甜品地图

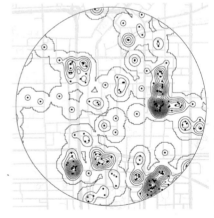

图3-32 工人体育场地区咖啡地图

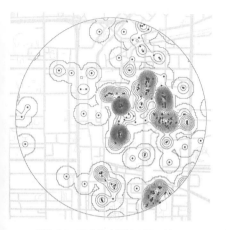

图3-33　工人体育场地区酒吧地图

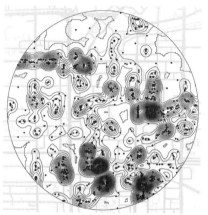

图3-34　工人体育场地区中餐地图

图3-35　工人体育场地区外餐地图

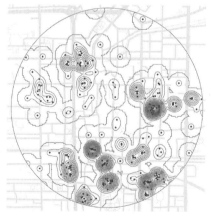

图3-36　工人体育场地区快餐地图

2.2　金融街

　　金融街内嗅觉体验的分布规律可明显看出中心集中、周边稀疏的趋势，且在东南部存在密集分布点。发香、饭香、异味分布较为密集，除异味在西南部存在集中点外，发香和饭香均呈中心集中式分布；茶香、果香、花香、面包香分布较少，酒香分布最为稀疏，均呈现中心集中、周边稀疏的分布趋势。

　　金融街内味觉场所的分布在东南部存在明显集中点。中餐厅、咖啡厅、外国餐厅、快餐厅分布密集，在中部及东南部集中分布；糕饼店、冷饮店、酒吧、甜品店分布较少，集中于东南部（图3-37~图3-54）。

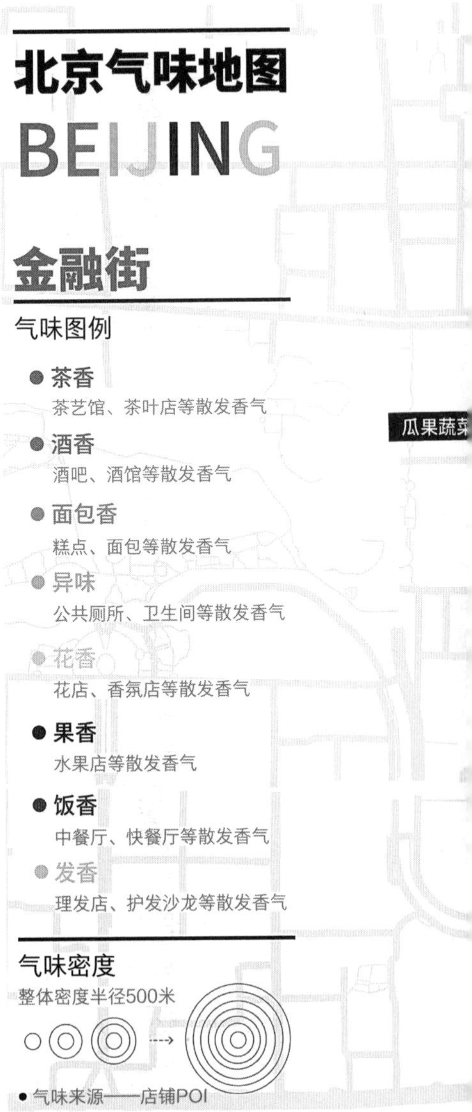

北京气味地图
BEIJING

金融街

气味图例

● **茶香**
茶艺馆、茶叶店等散发香气

● **酒香**
酒吧、酒馆等散发香气

● **面包香**
糕点、面包等散发香气

● **异味**
公共厕所、卫生间等散发香气

● **花香**
花店、香氛店等散发香气

● **果香**
水果店等散发香气

● **饭香**
中餐厅、快餐厅等散发香气

● **发香**
理发店、护发沙龙等散发香气

气味密度

整体密度半径500米

● 气味来源——店铺POI

图3-37　金融街地区气味地图

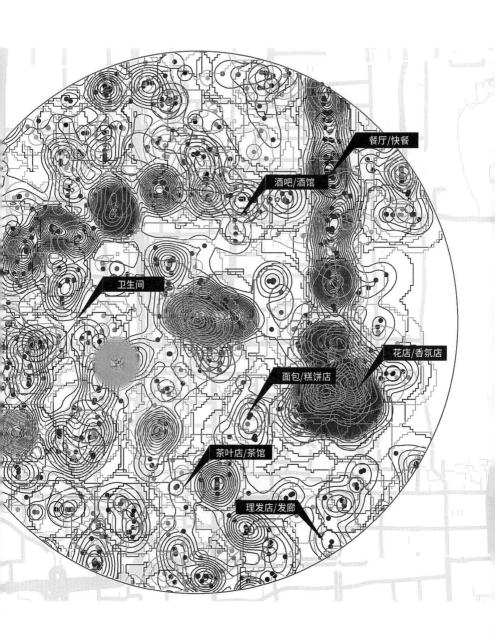

餐厅/快餐

酒吧/酒馆

卫生间

花店/香氛店

面包/糕饼店

茶叶店/茶馆

理发店/发廊

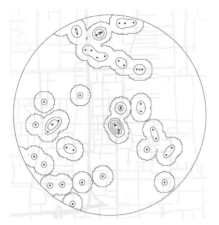

图3-38 金融街地区茶香地图

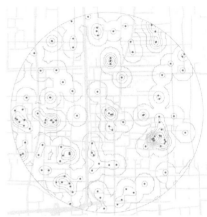

图3-39 金融街地区发香地图

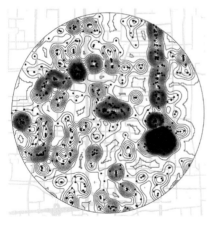

图3-40 金融街地区饭香地图

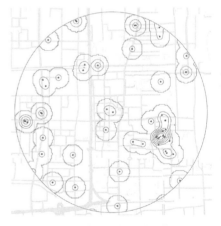

图3-41 金融街地区面包香地图

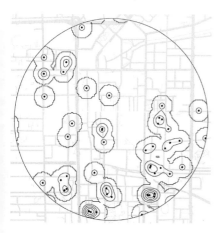

图3-42　金融街地区果香地图

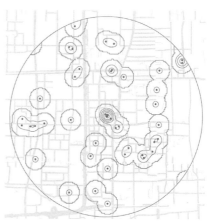

图3-43　金融街地区花香地图

图3-44　金融街地区酒香地图

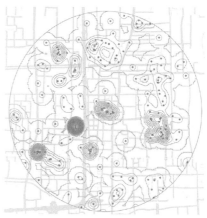

图3-45　金融街地区异味地图

北京味觉地图
BEIJING

金融街

味道图例

● **冷饮店**
售卖冰淇淋等冷饮的店铺

● **甜品店**
售卖甜甜圈等甜品的店铺

● **糕饼店**
售卖面包、点心等糕饼的店铺

● **咖啡厅**
售卖咖啡的店铺

● **酒吧**
售卖酒的店铺

● **中餐厅**
售卖中式菜品的餐厅

● **外国餐厅**
售卖国外餐品的餐厅

● **快餐店**
售卖小吃、快餐等的餐厅

店铺密度
整体密度半径500米

● 味道来源——店铺POI

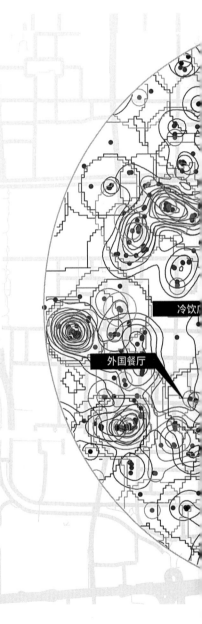

图3-46 金融街地区味觉地图

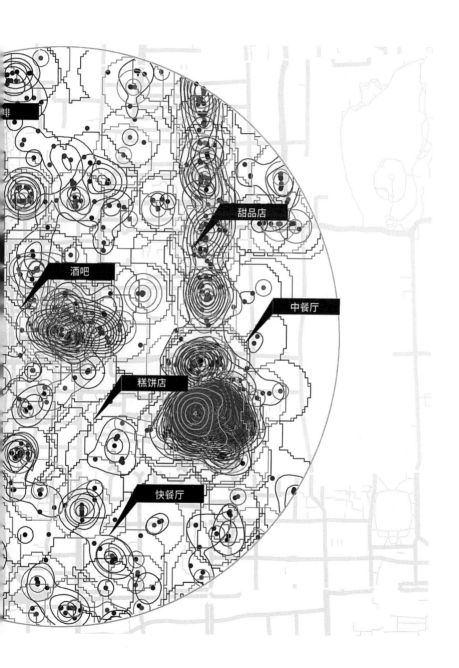

啡

甜品店

酒吧

中餐厅

糕饼店

快餐厅

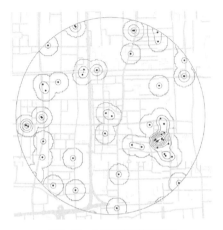

图3-47　金融街地区糕饼地图

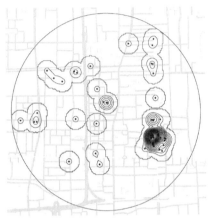

图3-48　金融街地区冷饮地图

图3-49　金融街地区甜品地图

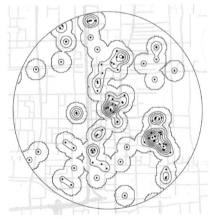

图3-50　金融街地区咖啡地图

图3-51　金融街地区酒吧地图

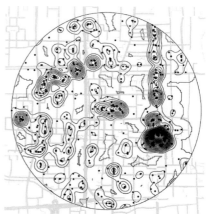

图3-52　金融街地区中餐地图

图3-53　金融街地区外餐地图

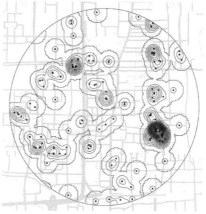

图3-54　金融街地区快餐地图

2.3　木樨园

　　木樨园内嗅觉体验整体分布多集中于园区中部。发香、饭香、异味分布密集，发香多集中于中心地带，饭香集中于中心偏西，异味分布均匀但在西侧有局部集中的情况；茶香、果香、花香、面包香的分布多集中于中心区域；酒香分布稀疏，无明显态势。

　　木樨园内味觉场所的分布情况有明显的中心集中倾向。中餐厅、快餐厅分布密集，集中于中心地带；糕饼店、冷饮店、咖啡、外国餐厅分布较少，大体为中心集中式；酒吧和甜品店分布最少，未呈现明显态势（图3-55～图3-72）。

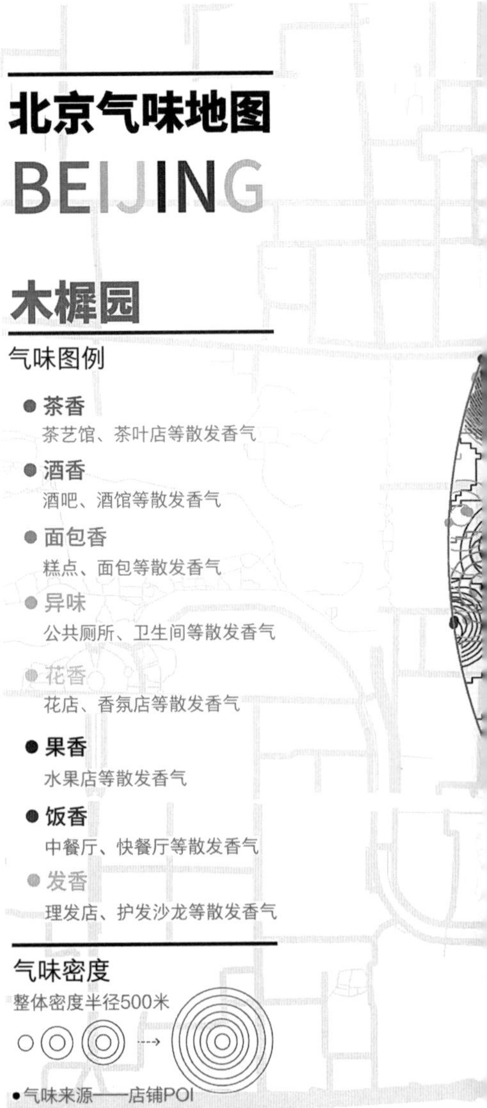

北京气味地图
BEIJING

木樨园

气味图例

● **茶香**
茶艺馆、茶叶店等散发香气

● **酒香**
酒吧、酒馆等散发香气

● **面包香**
糕点、面包等散发香气

● **异味**
公共厕所、卫生间等散发香气

● **花香**
花店、香氛店等散发香气

● **果香**
水果店等散发香气

● **饭香**
中餐厅、快餐厅等散发香气

● **发香**
理发店、护发沙龙等散发香气

气味密度

整体密度半径500米

●气味来源——店铺POI

图3-55　木樨园地区气味地图

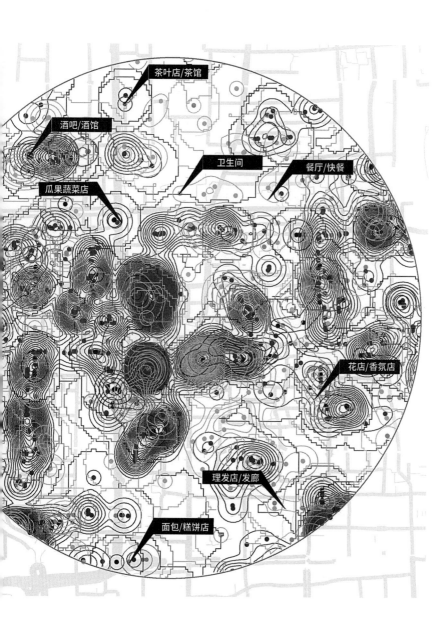

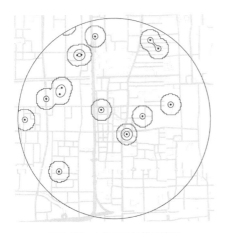

图3-56 木樨园地区茶香地图

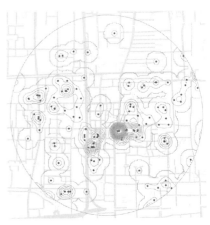

图3-57 木樨园地区发香地图

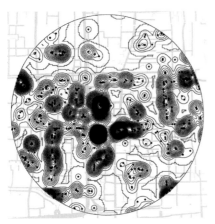

图3-58 木樨园地区饭香地图

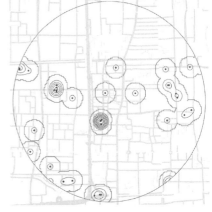

图3-59 木樨园地区面包香地图

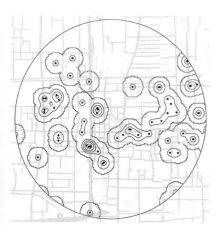

图3-60　木樨园地区果香地图

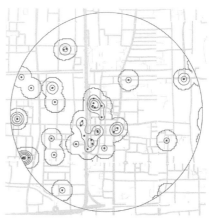

图3-61　木樨园地区花香地图

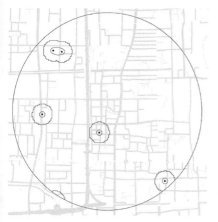

图3-62　木樨园地区酒香地图

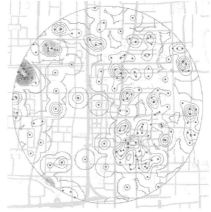

图3-63　木樨园地区异味地图

北京味觉地图
BEIJING

木樨园

味道图例

- **冷饮店**
  售卖冰淇淋等冷饮的店铺
- **甜品店**
  售卖甜甜圈等甜品的店铺
- **糕饼店**
  售卖面包、点心等糕饼的店铺
- **咖啡厅**
  售卖咖啡的店铺
- **酒吧**
  售卖酒的店铺
- **中餐厅**
  售卖中式菜品的餐厅
- **外国餐厅**
  售卖国外餐品的餐厅
- **快餐店**
  售卖小吃、快餐等的餐厅

店铺密度
整体密度半径500米

- 味道来源——店铺POI

图3-64　木樨园地区味觉地图

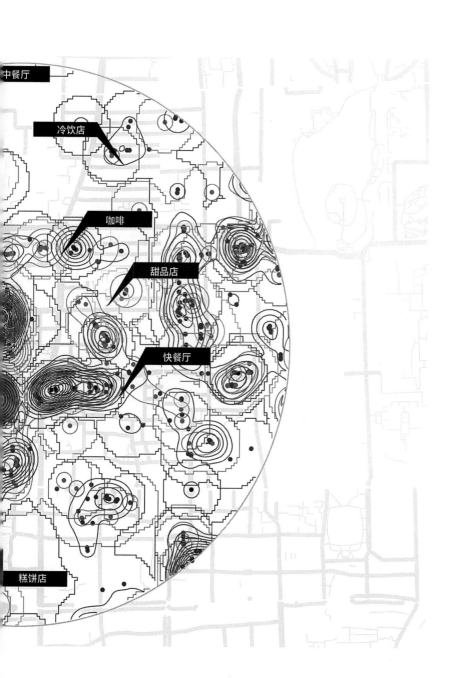

图3-65 木樨园地区糕饼地图

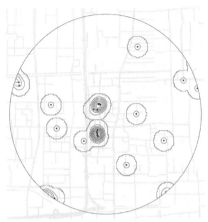

图3-66 木樨园地区冷饮地图

图3-67 木樨园地区甜品地图

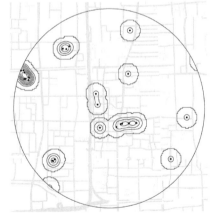

图3-68 木樨园地区咖啡地图

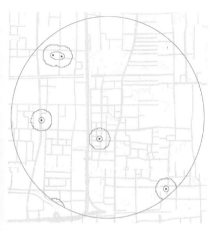

图3-69　木樨园地区酒吧地图

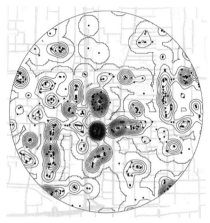

图3-70　木樨园地区中餐地图

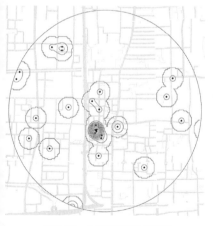

图3-71　木樨园地区外餐地图

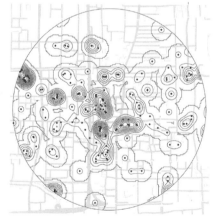

图3-72　木樨园地区快餐地图

2.4 五道口

五道口嗅觉体验的分布较为均匀，密集点多集中于中心偏南区域。饭香分布较密，与发香、酒香同在中心区域聚集，异味分布较为均匀但在东南部有明显集中点；茶香、果香、花香、面包香分布较少，除果香外均在中心区域存在明显集中点。

五道口味觉场所的分布大体呈中心集中式分布。其中中餐厅分布最为密集，与咖啡厅、快餐厅、外国餐厅同为中心集中分布；糕饼店、冷饮店、酒吧、甜品店分布较少，但仍呈现出明显的中心式分布情形（图3-73～图3-90）。

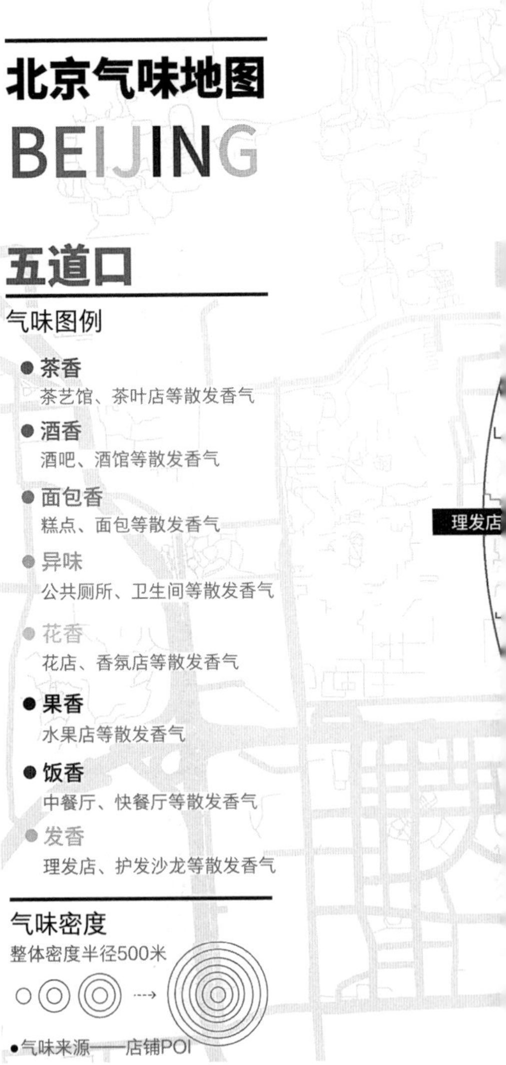

北京气味地图
BEIJING

五道口

气味图例

- 茶香
  茶艺馆、茶叶店等散发香气
- 酒香
  酒吧、酒馆等散发香气
- 面包香
  糕点、面包等散发香气
- 异味
  公共厕所、卫生间等散发香气
- 花香
  花店、香氛店等散发香气
- 果香
  水果店等散发香气
- 饭香
  中餐厅、快餐厅等散发香气
- 发香
  理发店、护发沙龙等散发香气

气味密度
整体密度半径500米

- 气味来源——店铺POI

图3-73　五道口地区气味地图

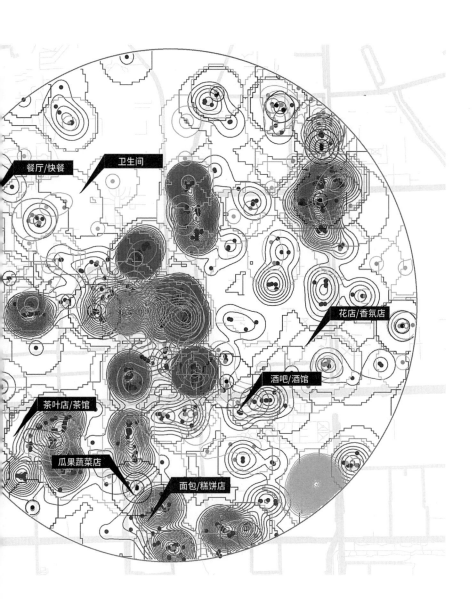

餐厅/快餐

卫生间

花店/香氛店

酒吧/酒馆

茶叶店/茶馆

瓜果蔬菜店

面包/糕饼店

图3-74 五道口地区茶香地图

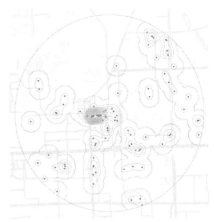

图3-75 五道口地区发香地图

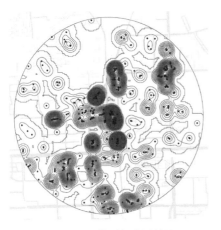

图3-76 五道口地区饭香地图

图3-77 五道口地区面包香地图

图3-78　五道口地区果香地图

图3-79　五道口地区花香地图

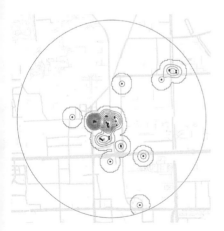

图3-80　五道口地区酒香地图

图3-81　五道口地区异味地图

北京味觉地图
BEIJING

五道口

味道图例

● **冷饮店**
　售卖冰淇淋等冷饮的店铺

● 甜品店
　售卖甜甜圈等甜品的店铺

● 糕饼店
　售卖面包、点心等糕饼的店铺

● **咖啡厅**
　售卖咖啡的店铺

● 酒吧
　售卖酒的店铺

● **中餐厅**
　售卖中式菜品的餐厅

● **外国餐厅**
　售卖国外餐品的餐厅

● **快餐店**
　售卖小吃、快餐等的餐厅

店铺密度

整体密度半径500米

● 味道来源——店铺POI

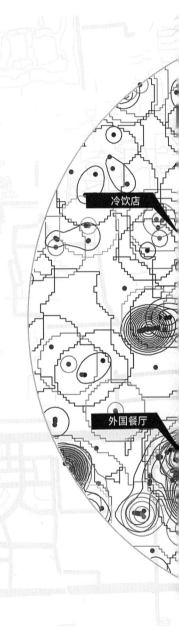

图3-82　五道口地区味觉地图

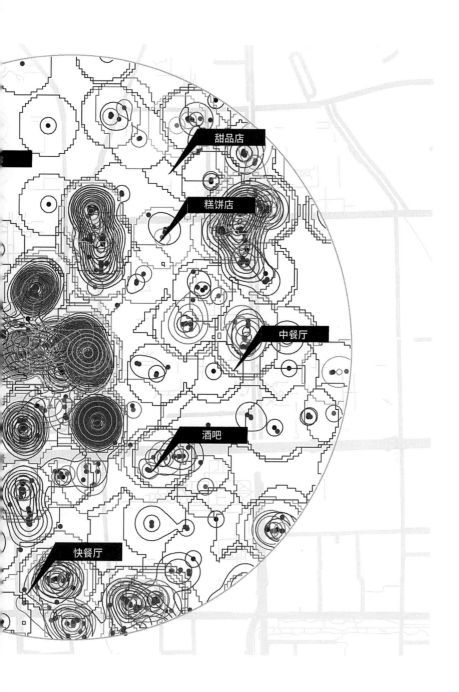

图3-83　五道口地区糕饼地图

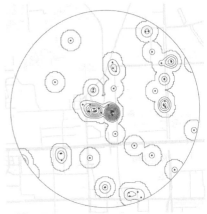

图3-84　五道口地区冷饮地图

图3-85　五道口地区甜品地图

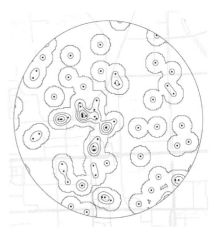

图3-86　五道口地区咖啡地图

图3-87　五道口地区酒吧地图

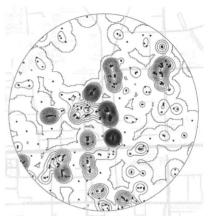

图3-88　五道口地区中餐地图

图3-89　五道口地区外餐地图

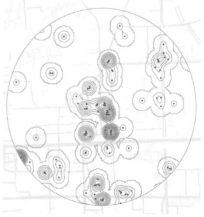

图3-90　五道口地区快餐地图

理论　　　　　　　　　案例

4

实证

思辨

虚拟现实：
疗愈空间发展的未来

新型技术的革新总会伴随着事件的飞跃。新型冠状病毒疫情期间，虚拟现实在众多应用场景中得到快速渗透，如何运用虚拟现实技术设计疗愈空间并为特定人群提供服务，成为设计师的重大挑战。本书以虚拟现实技术和现有的关于疗愈空间、心理健康的研究为基础，试图探讨"虚拟+现实+疗愈+空间"的新模式，并对"虚拟疗愈空间"进行了初步的分类和展望。

1　引子

现今，三维虚拟环境突破了人类原本对以互联网为纽带的二维世界的认知，人类对于数码相机的迷恋也演变为对头戴式显示器（helmet-mounted display，HMD）和360°沉浸式视频的好奇（图4-1）。虚拟现实技术在各个领域都有应用，其在医疗健康领域的价值也逐渐凸显出来，尤其是心理健康方面。在虚拟现实技术的背景下，空间和心理健康领域的结合——"疗愈空间"可以为我们提供这种可能（表4-1）。本书以虚拟现实背景下的疗愈空间为出发点，归纳梳理空间环境设计和虚拟技术对心理健康领域的干预及成效并做出展望，以期对建筑空间设计与虚拟现实技术的未来应用方向提供借鉴。

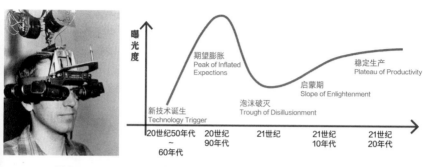

图4-1　Ivan Sutherland制造出VR原型（左）和VR技术成熟度曲线（右）
（资料来源：左：https://techland.time.com/2013/04/12/a-talk-with-computer-graphics-pioneer-ivan-sutherland）

从普通景观环境到虚拟疗愈空间[①]

表4-1

	普通景观环境	具备疗愈功能的空间	虚拟疗愈空间
定义	以自然和人工元素为材料，是一个具有规划且通常在户外的空间。可作为展示、耕作植物和享受其他形式的自然的景观环境	包含借由景观元素所组成的环境作为刺激感，能够积极主动地诱发身心自我康复，并具有情感正向转化能力以提升使用者身心健康的景观空间	利用虚拟现实技术实现可以疗愈身心的功能空间
目的	以娱乐、观赏、游憩为主	促进积极性的身心健康生活，以情感的恢复为主要目标	实现更便捷的家庭疗愈
需求	满足人们观赏的需求	满足人们舒缓压力、摆脱负面情绪的需求	打破时空界限，满足特殊人群的心理疗愈需求
环境特性	1. 增加环境美感； 2. 提供游乐体验； 3. 满足接近自然的需求； 4. 具备商业性	1. 强调具有情感恢复性的环境特质； 2. 具备支持性空间； 3. 多样的感官刺激； 4. 适宜不同身心健康状态的群族	强调与虚拟界面的连接
设计原则	整体性、安全性、机能性，美学上的考虑，多样性，维护管理	情绪抒发，提供接纳且不批判的环境，感受安全感，感受放松或自在感；提供关怀与照顾的对象，感受自我价值与自信，感受生命力，提供希望感	亲自然性、参与性、挑战性、沉浸性、舒适性、高效性
对象	一般大众	针对特定对象或一般大众	针对特定对象或一般大众

① 韩旭. 面向于抑郁倾向老人的虚拟康复性景观研究[D]. 武汉：武汉大学，2016.

2　心理虚拟疗愈："虚拟现实+疗愈"

2.1　从"治疗"到"虚拟疗愈"

随着现代生活质量和物质需求的提高，人们对医疗健康的需求不再局限于治疗疾病，而是更加关注心理和精神的治愈，由此出现了从治疗（Curing）到疗愈（Healing）的演进（表4-1）。治疗与疗愈最大的不同在于，治疗是运用物理的医疗手段进行身体恢复，而疗愈是有关心理层面的治疗与恢复。2009年，埃斯特·斯腾伯格博士第一次提出"疗愈空间"①一词，即一种促进减轻压力状态的空间。

① GEDDES L. Review: healing spaces by Esther Sternberg[J]. New Scientist, 2009, 202(2707): 45.

2.2　虚拟疗愈+空间

在互联网发展的后时代，从家到屏幕，人类同时居住在了物理和虚拟世界。随着VR的不断发展（表4-2），它将给建筑、工程行业带来革命性变化。这种演变还包括增强现实（Augmented Reality，AR）和混合现实（Mixed Reality，MR），在这些数字化内容中，只有很少的一部分被作为空间来构思并发展出它们的潜能。对设计师而言，数字界面需要从建筑尺度、比例等方面的新理解来丰富它的内容，而虚拟现实技术可以为互联网浏览带来超越平面屏幕的更多体验，这也为治疗心理方面的疾病带来了便利。

我们突破传统的形式，提出"虚拟疗愈+空间"的结合，即虚拟疗愈空间基于虚拟现实技术探讨可以进行疗愈的虚拟空间，从而帮助高压人群创造解压环境、帮助心理疾病患者获得常规医疗不能达到的疗效。本书基于现有研究和相关应用，对虚拟疗愈空间的

虚拟现实技术对比其他图像展示方法[①]　　　　表4-2

技术模式	景观本体属性		感官认知属性					运动属性		互动实时交互	
	现实性	虚拟性	视觉	听觉	触觉	力觉	平衡觉	静止	连续	有	无
手绘草图	▲	▲	▲					▲			▲
图片	▲		▲					▲			▲
影像	▲		▲	▲							▲
动画	▲	▲	▲						▲	▲	
虚拟现实技术	▲	▲	▲	▲	▲	▲	▲		▲	▲	

① 韩旭. 面向于抑郁倾向老人的虚拟康复性景观研究[D]. 武汉：武汉大学，2016. 作者改绘。

类型进行了整理，并对虚拟疗愈空间设计的关键要素、针对病症、主要人群、五感偏向和拓展以及展望要点进行了梳理归纳。

通过对人群的划分，本书探讨了虚拟疗愈空间的应用场所和具体空间；五感偏向和拓展帮助我们探讨技术在虚拟空间中的发展方向，即技术的结合应用和拓展趋势，以展开后面对新倾向和新场景的介绍（表4-3）。

虚拟疗愈空间类型　　　　表4-3

类型	具体内容	关键要素	主要疗愈病症	主要针对人群	五感偏向	五感拓展	展望要点
实景游览	特色景点	绿植、水景、亲自然材料	痴呆症	儿童/老人	视觉	触觉	互动性：气味、声景与虚拟界面的合理搭配
虚拟冥想	室内冥想室、室外特色场景	空间主题、音乐	焦虑症、恐惧症	瑜伽人群/高压青年	听觉	嗅觉	氛围性：利于冥想的空间气氛营造
界面观赏	特殊视角空间	沉浸感	焦虑症	高压青年	视觉	触觉	丰富性：代入角色的多样选择
刺激冲击	虚拟刺激游戏或刺激性空间	灯光、色彩、音乐	认知障碍、多动症	儿童	视觉	听觉	结合性：空间与多感官设备的结合

续表

类型	具体内容	关键要素	主要疗愈病症	主要针对人群	五感偏向	五感拓展	展望要点
舒缓解压	治愈性游戏空间	空间主题、音乐	焦虑症	高压青年	听觉	视觉	舒适性：虚拟界面与人的舒适互动
温情回忆	历史事件空间复原	色彩、材质等空间要素	创伤后应激障碍	刺激场景见证者	视觉	触觉嗅觉	还原性：新型设备的配合
情绪抒发	疗愈空间内引导患者描述场景	空间氛围调节	社交恐惧症、孤独症	特殊儿童	视觉	听觉	可调节性：利于情绪抒发的空间气氛营造
认知训练	基础社交场景	色彩、材质等空间要素	孤独症、痴呆症	特殊儿童	视觉	触觉听觉	真实性：实用的社交场景选择
虚拟社交	社交空间内的虚拟角色扮演	色彩、材质等空间要素	社交恐惧症	青年	视觉	触觉	互动性：新型的空间互动方式

3　空间应用与可能：三种虚拟疗愈空间

3.1　现状：虚拟疗愈空间的归纳分析

通过对虚拟疗愈空间的相关应用进行整理与分类，本书将其分为观赏型虚拟疗愈空间（包括实景游览、虚拟冥想和界面观赏）、社交型虚拟疗愈空间（包括情绪抒发、认知训练和虚拟社交）和娱乐型虚拟疗愈空间（包括刺激冲击、舒缓解压和温情回忆）（图4-2）。

（1）观赏型虚拟疗愈空间

观赏性虚拟疗愈空间指利用虚拟现实技术，通过观赏的方式进行心理疗愈，减小了时间和空间带来的限制。本书按照内容将其分为实景游览、虚拟冥想和界面观赏。大量研究表明，充满情感的观赏体验可以减轻患者生理和心理痛苦，有效缓解心理疾病[1]。美国奥古斯塔市纪念医院大厅内利用

① BAXYER A J, SCOTT K M, VOS T, WHITEDORD H A. Global prevalence of anxiety disorders: a systematic review and meta-regression[J]. Psychological Medicine, 2012, 43(5): 1-14.

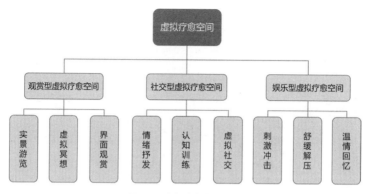

图4-2　虚拟疗愈空间分类

组合而成的巨幅电视荧幕播放海洋生物世界的数字影像，帮助儿童病患忘却心理上抑郁与病痛。美国密苏里州德鲁里大学建筑学教授戴维·比奇从美术和建筑设计角度创造了VR虚拟疗愈空间体验，使被困在医院的孩子能够"到达"世界各地。

（2）社交型虚拟疗愈空间

虚拟现实与社交的结合可以缓解人们的社会脱节感，解决了虚拟现实在视觉享受、互动娱乐性以及用户参与度方面的痛点。通过创造虚拟社交疗愈空间，可以有针对性地帮助人们克服社会回避感及其他不良心理健康状况。本书按照内容将其分为情绪抒发、认知训练和虚拟社交①。

大量研究表明，虚拟现实技术非常适合用于孤独症治疗，利用虚拟空间场景可以使患者渐进地接触复杂事物②，之后再融入真实场景。神经系统科学家内德·萨欣博士为心理疾病患者构建了可穿戴设备的

① DIDEHBANI N, ALLEN T, KANDALAFT M, et al. Virtual reality social cognition training for children with high functioning autism[J]. Computers in human behavior, 2016, 62: 703-711.

② BOSSELER A, MASSARO D W. Development and evaluation of a computer-animated tutor for vocabulary and language learning in children with autism[J]. Journal of autism and developmental disorders, 2003, 33(6): 653-672.

图4-3　Third Eye NeuroTech公司帮助儿童脱离恐惧

（资料来源：https://www.eurekalert.org/multimedia/pub/192950.php?from=420676）

应用，其中一个模块可以模拟孤独症患者在进入新空间时遇到的心理困难，患者通过虚拟现实眼镜360度观察这个空间，从而减缓焦虑与孤独。英国纽卡斯尔大学与创新技术公司Third Eye NeuroTech运用浸入式疗法创建了一个虚拟的蓝色房间，让孤独症孩子坐在一个四壁投射动画的小房间里，心理学家在虚拟空间中引导孩子讲述感到痛苦的社交经历，帮助他们控制焦虑情绪（图4-3）。当患者对环境变得更适应时，房间里模拟的环境复杂性和噪声水平将逐渐变化，直到它们与真实世界融合。

（3）娱乐型虚拟疗愈空间

"虚拟免疫治疗"的发展使疾病患者能够专注于痛苦以外的事情，尤其是当虚拟空间是游戏时效果非常明显。"数字药物"的概念日益得到接受，游戏被归为数字药物的一个门类。玩家在玩游戏的同时，医生可以通过头皮脑电信号采集眼动记录等手段，实时监测玩家的大脑活动情况，软件则根据监测反馈实时调整游戏的难度、进度，以适应玩家情绪变化，使治疗更加有效。通过新奇场景的设置，对轻度认知功能障碍者、阿尔茨海默病患

图4-4　亚当·加扎雷教授看着用户玩NeuroRacer游戏

（资料来源：https://www.freethink.com/articles/is-the-future-of-therapy-virtual-a-look-into-virtual-reality-therapy.amp）

① ANTOINE J B, HAIDON C, ECREPONT A,GIRARD B. Use of virtual reality technologies as an Action-Cue Exposure Therapy for truck drivers suffering from Post-Traumatic Stress Disorder[J]. Entertainment Computing, 2018, 24: 1-9.

者形成一定的刺激以达到治疗效果①。美国加州大学旧金山分校亚当·加扎雷教授开发了一款改善老年人认知水平及记忆能力的赛车游戏和辅助儿童多动症治疗的刺激游戏，通过刺激性场景治疗他们的心理疾病。在进行娱乐性疗愈空间的设计时，应根据用户的心理病症进行针对性设计（图4-4）。美国南加州大学研究团队利用虚拟现实技术和PTSD疗法为退伍军人设计了虚拟疗愈空间和游戏，帮助他们重新融入平民生活。

3.2　倾向：虚拟疗愈空间的可能性

（1）观赏型：亲自然性与参与性

自然因素是观赏型虚拟疗愈空间的重要组成部分，虚拟现实可通过搭配自然元素构建无限贴近真实环境的观赏空间。观赏型虚拟疗愈空间通过亲自然性模式进行专业化设计，从丰富度、拟真度、多感融合方向考虑，以达到更好的疗效（图4-5）。此外，现有观赏型场景过于平面化，应增强疗愈场景动态化与参与性，例如在设计空间时可以加入人景交互机制、人景互动情景、景中人人互动元素等[1]。

（2）社交型：舒适性与高效性

由马斯洛需求层次理论可知，生理需求和安全需求是人类最基本的需求。在社交型虚拟娱乐场景中，大多数使用者都是孤独症、社交恐惧症患者，且场景内容涉及情绪控制与缓解、基础场景学习等内容，因此更要从生理适应、情景互联和虚实同步角度满足场景舒适性（图4-6）。此外，社交型虚拟疗愈中的认知训练空间可从新手友好性、交互一致性和操作便携性角度提升心理疾病患者的社交感[2]。

（3）娱乐型：沉浸性与激励性

通过设计挑战性娱乐疗愈空间，可以激发特殊人群（尤其是孤独症、认知障碍、痴呆症等）的思维（图4-7）。虚拟疗愈空间的沉浸性是指使用者通过虚拟现实设备进入虚拟环境中，从身体感知、环境交互、多元素融合等方面得到逼真的虚拟空间感受。完成虚拟任务过程的趣味性强、进展顺利等因素可以提高任务的完成效率。设计师应从场景叙事、激励设计和情绪调动角度提升娱乐型疗愈的激励性，使特殊人群更好地投入虚拟环境[3]。

① 韩旭. 面向于抑郁倾向老人的虚拟康复性景观研究[D]. 武汉：武汉大学，2016.

② PARSONS T D, RIVA G, Parsons S, et al. Virtual reality in pediatric psychology[J]. Pediatrics, 2017, 140(Supplement 2): S86-S91.

③ FREEMAN D, REEVE S, ROBINSON A, et al. Virtual reality in the assessment, understanding, and treatment of mental health disorders[J]. Psychological medicine, 2017, 47(14): 2393-2400.

图4-5　观赏型虚拟疗愈空间的走向

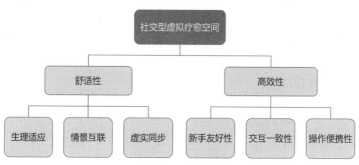

图4-6　社交型虚拟疗愈空间的走向

图4-7　娱乐型虚拟疗愈空间的走向

3.3 展望：内容和技术的新突破与新场景

结合虚拟现实技术的应用设计要素（图4-8），我们对各个空间的发展走向作出展望。

（1）时空与感知：观赏型疗愈空间的新突破

在观赏型虚拟疗愈空间中，为满足亲自然性和参与性，可结合实际疗愈空间要素设计虚拟观赏性空间，将具有典型自然及观赏性特征的空间置入大型虚拟疗愈空间，满足普通大众日常的沉浸式疗愈需求。从内容上看，可从两类空间上进行突破：第一类为游历式，突破空间限制，以中国园林为典型代表，将园林的移步换景置入虚拟现实空间，使人足不出户便可在家通过设备游历观赏、疗愈身心；第二类为解构式，突破时间维度，慢进或快进空间场景，冥想者可在虚拟世界思考时间的意义，以达到改变心率、消解

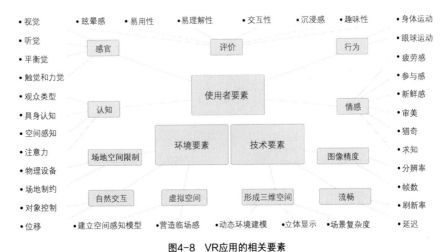

图4-8　VR应用的相关要素

（资料来源：FREEMAN D, REEVE S, ROBINSON A, et al. Virtual reality in the assessment, understanding, and treatment of mental health disorders[J]. Psychological medicine, 2017, 47(14): 2393-2400.）

愁绪的疗愈功效。未来，患者与虚拟世界的互动关系将被加强，互动的数据会进行搜集与反馈，以构建出用户不同的探索状态。在观赏此类虚拟空间进行疗愈时，可运用多感融合技术，将专用的三维交互设备（如立体眼镜、位置跟踪器等）和听觉、触觉及其他感知刺激的输出设备（如力回馈手套、全身式触感装备等）结合使用[1]（图4-9、图4-10）。

（2）沟通与生态：社交型疗愈空间的新突破

在社交型虚拟疗愈空间中，可从沟通与生态的角度提高患者舒适性和社交高效性。在内容上，主要以四类方式进行疗愈：第一类，从自我与自我沟通维度进行自我疗愈，应用到居家日常以缓解焦虑症等压力过大的人群（图4-11）；第二类，从虚拟群体沟通维度（图4-12），引导鼓励患者培养自身的认知能力、心理承受能力和动作技能，改善当众演讲恐惧等心理疾病[2]；第三类，从人与人语言沟通维度锻炼应变能力，构建社交生态圈，将此应用到社交恐惧症等人群的社交场景；第四类，从长远角度看为人与人非语言沟通，即人机共生、脑机共算维度的延展以进行深度心理

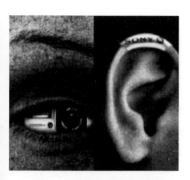

图4-9 人与技术之间的视听混合
（资料来源：http://deseretnews.com/dn/view/0,1249,585036699,00.html）

图4-10 卡内基梅隆大学研发的触觉系统和Dexmo Robotics公司研发的2019力回馈手套
（资料来源：https://nextpittsburgh.com/latest-news/cmu-team-designs-wireality-to-simulate-feel-of-walls-and-objects-in-virtual-reality/）

① TAFFOU M, GUERCHOUCHE R, DRETTAKIS G, et al. Auditory visual aversive stimuli modulate the conscious experience of fear[J]. Multisensory Research, 2013, 26(4): 347-370.

② BEAUMONT R, SOFRONOFF K. A multi component social skills intervention for children with Asperger syndrome: the Junior detective training program[J]. Journal of Child Psychology and Psychiatry, 2008, 49(7): 743-753.

图4-11　高位截瘫的老人通过"意念"控制拿饮料

（资料来源：https://www.huxiu.com/article/341347.html）

图4-12　群体虚拟沟通

（资料来源：http://easywith.com/portfolio_page/t-um/）

干预，人与人之间交流将通过意念。人类和机器之间的界限会越来越模糊，但又相互依存。虚拟现实是实现这些场景所用技术的过渡，无论是未来的芯片注入人脑，还是现在有人在尝试将芯片植入皮肤，都对心理和空间领域的发展大有裨益[1]。在虚拟现实技术方面，考虑到虚拟空间舒适性对疗愈患者的重要性，浏览速度将更加合理，如高性能微型发光二极管（Micro-LED）与硅基有机发光二极管（OLED）显示技术将有效降低纱窗效应，避免晕眩感给疗愈患者带来的不适；变焦显示技术将解决视觉辐辏[2]调节冲突引起的晕动症和视觉疲劳；深度相机和Inside-out空间定位方式的进一步成熟将拓展社交型虚拟疗愈空间的人物形象和空间设计，并将使社交型虚拟疗愈空间拓展到现实空间，实现大型增强现实、混合现实虚拟社交[3]。

（3）体验与速度：娱乐型疗愈空间的新突破

娱乐型虚拟疗愈空间中的激励性和沉浸性，在内容上可以体现为新型的疗愈内容和逼真的视听效果。从此类虚拟空间内容的体验角度看，可从三种典型空间场景进行突破：第一种是体验过往，将人的过往片段提取至虚拟空间，制作成游戏，帮助患者进行日常的记忆力恢复训练[4]（图4-13）；第二种是体验刺激性空间并加入丰富的游戏探索机制，通过调动情绪、场景融合、情景互联以帮助痴呆症患者；第三种是极限运动体验，把合适的刺激性空间转移至虚拟

① WHYTE J. Virtual reality and the built environment[M]. London: Routledge, 2002.

② 视觉辐辏调节：当我们在看某一点时，双眼转动使视点落在视网膜上相对应的位置。双眼从不同角度观看同一物体得到的影像也会有一些差异，大脑会根据这种差异感觉到立体的影像。这也是目前3D显示常用的方式。

③ SHERMAN W R, CRAIG A B. Understanding virtual reality: interface, application, and design[M]. San Francisco, CA: Morgan Kauffman, 2003.

④ PORTMAN M E, NATAPOV A, FISHER-GEWIRTZMAN D. To go where no man has gone before: virtual reality in architecture, landscape architecture and environmental planning[J]. Computers, Environment and Urban Systems, 2015, 54: 376-384.

图4-13　记忆宫殿

（资料来源：http://www.kurzweilai.net/are-virtual-reality-and-augmented-reality-the-future-of-education/vr-memory）

空间[①]，以疗愈各种恐惧症患者或高压人群。体验上，逐步成熟的头显6DOF（degree of freedom，自由度）和手柄6DOF的结合（6+6）将显著提升沉浸感；先进的渲染

① HONG Y J, KIM H E, JUNG Y H, et al. Usefulness of the mobile virtual reality self-training for overcoming a fear of heights[J]. Cyberpsychology, Behavior, and Social Networking, 2017, 20(12): 753-761.

技术和高精度的图像可打造更逼真的立体场景；由真人转化而来（利用光影追踪和实时图像渲染）的虚拟化身（Avatar）将提升患者的自我感知以达到更好疗效；新颖的剧情化体验设计可实现娱乐型疗愈空间的激励性。速度上，具备强大算力的云VR将把PC级的运算能力带到服务器端，支持原本难以承载的深度应用；5G大带宽的特性将使在线VR/AR高清360度视频和高精度云渲染成为可能，无须漫长的等待过程，甚至可以完成大

图4-14　沉浸式场景

（资料来源：https://twitter.com/bbgot7trash/status/1136811266331123712）

规模虚拟实时人机互动，更方便地满足普通人群的短时疗愈需求
（图4-14）。

综上所述，观赏性疗愈空间主要针对的是老年人、高压群体，
因此需结合空间的亲自然性和参与性关注虚拟界面在老人院、办公
空间及居家空间等场景的使用；社交型疗愈空间主要用户为儿童及
一些高压青年，需结合场景的舒适性、高效性关注学校、游乐园、
博物馆等场所的应用；娱乐型疗愈空间主要用户为儿童、高压青年
及刺激场景见证者，需结合空间的沉浸性和激励性关注幼儿园、学
校、办公等空间的发展。此外，也应考虑普通人群的疗愈需求，可
以应用到住宅、博物馆、商场等空间（图4-15）。

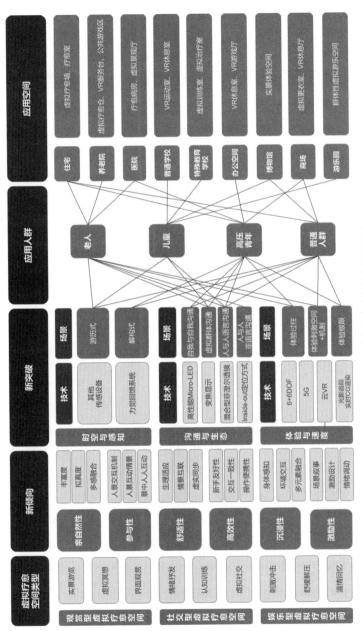

图4-15 三种虚拟疗愈空间的应用及发展

4　总结

尽管虚拟疗愈空间尚且属于新型研究领域，但随着虚拟现实产品的市场化程度加深，虚拟现实技术在疗愈空间的发展前途光明。在此背景下，参与者将更深一步通过集成方式与物理和数字信息进行交互，虚拟疗愈空间的发展将有助于心理健康疾病的缓解和治疗。

依照本书对虚拟现实空间的分类，除一些针对特定疾病人群的特殊教育学校、医院、老人院等建筑场所，未来可以将其应用到更多生活治疗场景。针对普通人也会有更多的虚拟疗愈方式的选择，通过在现实场所设置特定的虚拟疗愈室以疗愈不同人群的心理健康。目前，虚拟疗愈空间的应用与研究主要依赖虚拟现实技术。基于增强现实、混合现实技术的应用与研究还不充分，未来，虚拟疗愈空间将向更多延展技术结合的方向发展，在感官反馈、眼球识别、云渲染等技术方面使人获得更真实和疗愈效果更高的用户体验，虚拟与现实的成分也将有不同的比重设计。针对不同的虚拟疗愈空间场景，设计师将运用更多技术手段，结合真实的疗愈空间要素对界面及虚拟与现实的连接空间进行设计。

2020年初，一位韩国母亲借助虚拟现实技术见到了患病离世的女儿，人工智能驱动的时代将这一科幻想法变成了现实，也引起了伦理问题的探讨。未来，通过语音识别、深度机器学习等更为复杂的技术，母亲在用语言表达情感时得到女儿的实时回复，从而感受到她身体的存在。但无论拥有虚拟世界的VR再怎么真实，也始终是一种技术手段，在虚拟与现实之间取得一种平衡，用科技作为一种疗愈现实的手段，才是虚拟现实发展路径的目的所在。

感官互联：物联网时代下的盲人友好空间探讨

现今，问题重重的生活空间渗透着对盲人的"拒绝"，智能助盲设备不能有效弥补盲人城市生活的困境。物联网技术的发展提供了一个从空间层面重新思考和解决盲人问题的契机。本书基于文献，总结城市、建筑和室内三种空间面向盲人现存的问题，通过市场调研比较智能助盲设备的特点并分析其优劣。基于物联网技术提出"感官互联"概念，从不同感官分别探讨不同空间的改变，为未来盲人友好空间的营造提供参考。

1　引言

2016年，世界卫生组织统计数据显示，中国的视力残疾人口1731万，几乎占全球的五分之一，远超其他国家[①]。城市与社会的"拒绝"，让盲人群体也逐渐拒绝了本应与正常人共享的城市生活。交通事故成为盲人意外受伤甚至死亡的最主要原因，"夺命盲道""死亡路口"等[②]新闻时有发生，而这些在根本上都体现出城市与建筑对盲人群体的不友好。

随着互联网与科学技术的发展，智能化的助盲产品一时间成了盲人群体与城市生活

① World Health Statistics 2016[R]. 2016.

② 李玥.盲人过马路有多难？这个实验扎心了！[EB/OL]. (2018-03-02)[2020-07-30]. http://news.cyol.com/content/2018-03/02/content_16984983.htm.

之间的"桥梁"。科技工作从业者不遗余力地以注入高新技术的方式，希望通过助盲设备弥补盲人在生理上的缺陷。这的确能从根本上为盲人群体带来福祉，但不应成为忽略城市面向盲人群体存在严重问题的借口。我们不仅要在生理方面充分帮助盲人，更应该深入考虑营造可以帮助盲人群体的友好空间环境。物联网时代的临近，给这个愿望带来新的契机，这也是本书思考的起点。

2 "拒绝"：不适合盲人的空间

在我国，每八十个人中就有一人患有视力残疾（图4-16），但在日常的城市生活中，人们却很少见到盲人的身影。据调查，盲人群体中，只有9%具备无家人陪同下可自主出行的能力，超过30%的盲人基本处于长期居家状态[①]。

在中国知网数据库中，以"盲人"与"城市空间""建筑空间""室内空间"进行关键词组合，搜索中文文献，初步统计共68篇，筛选出具有代表性的文献31篇，其中城市空间13篇、建筑空间12篇、室内空间6篇。依次从以上三种尺度总结面向盲人存在的空间问题[②③④]。

2.1 城市空间的"拒绝"

对盲人群体的"拒绝"在城市空间体现最为明显，分析既有文献可以把城市针对盲人的问题总结为交通路口、公交站点和无障碍盲道三方面（图4-17）。

望而却步的路口。路口已经成为盲人

① 郑艺阳. 中国有1730万盲人，为什么我们很少看到他们！[EB/OL].（2020-03-13）[2020-07-30]. http://www.time-weekly.com/post/268111.

② 杨渝南，刘杰，王怡，等. 智慧城市中盲人出行无障碍设施体系构建研究[J]. 华中建筑，2019，37（11）：36-40.

③ 高森. 现代博物馆中的无障碍设计[D]. 成都：西南交通大学，2010.

④ 钱丹. 利于视觉障碍者的室内无障碍设计研究[D]. 南京：南京工业大学，2016.

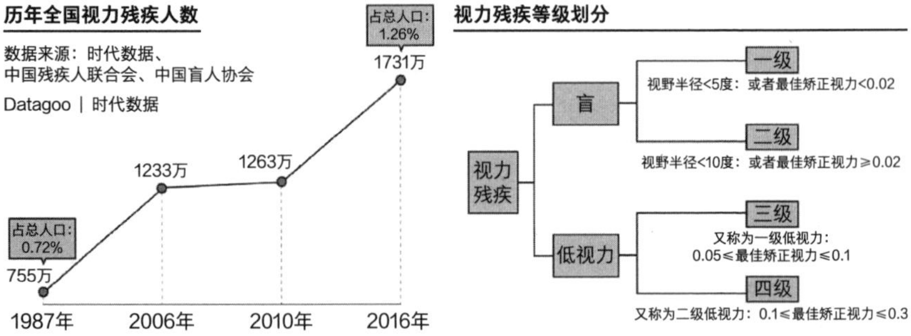

历年全国视力残疾人数

数据来源：时代数据、
中国残疾人联合会、中国盲人协会
Datagoo | 时代数据

占总人口：
1.26%
1731万

1233万　1263万

占总人口：
0.72%
755万

1987年　　2006年　　2010年　　2016年

视力残疾等级划分

视力
残疾

盲
一级
视野半径<5度：或者最佳矫正视力<0.02
二级
视野半径<10度：或者最佳矫正视力≥0.02

低视力
三级
又称为一级低视力：
0.05≤最佳矫正视力≤0.1
四级
又称为二级低视力：0.1≤最佳矫正视力≤0.3

图4-16　全国视力残疾人数增长曲线（左）和视力残疾等级划分（右）

图4-17　公交站点、交通路口和无障碍盲道的问题

（资料来源：http://www.qingdaonews.com/content/2017-10/15/content_20030815.html）

① 魏骅，张颖，林苗苗，等. 助盲变伤盲，盲人对盲道"敬而远之"[EB/OL]. （2015-10-15）[2020-07-30]. https://www.sohu.com/a/35698982_117503.

群体最容易发生危险的地方。其一，很多盲道在路口处没有纹理变化，不能帮助盲人提前识别路口。其二，交通信号灯未设置盲人钟，盲人无法分辨红绿灯，无法判断是否可以通行。

缺乏引导的车站。盲人群体乘坐公交车时受到很多限制。首先，公交车站的站牌盲文设置不规范，甚至并未设置盲文，盲人群体无法准确获取公交线路信息。其次，在没有语音播报或引导员的条件下，盲人候车时不能分辨到站车辆，会导致错过车或上错车的情况发生。

险象环生的盲道①。在北京随机调研的60条盲道中，56条盲道被侵占或半路中断，9条盲道方向和指示混乱，2条盲道上井盖丢失，并出现损毁甚至塌陷的情况。究其根本，除了盲道自身的设计隐患，在设置与分布、管理和维护上也都存在严重的问题，致使盲道根本无法正常使用。

2.2　建筑空间的"拒绝"

建筑是承载着城市居民公共活动的主要场所，梳理既有文献的研究结论，建筑空间对盲人群体的不友好主要体现在建筑入口、建筑界面和无障碍电梯三个方面（图4-18）。

无法识别的入口。建筑入口应易识别、可引导，但如今盲人找到建筑入口相当困难。第一，盲道缺乏指示，不能引导盲人准确识别入口；第二，建筑入口处无坡道，或坡道的材质和坡度设计不合理；第三，入口的门不具有感应功能，易造成盲人的磕碰；第四，公共建筑大多没有设置盲文导识地图，无法准确提供建筑空间信息。

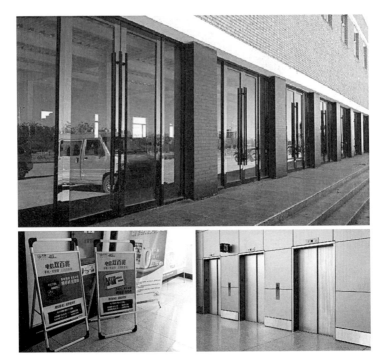

图4-18 建筑入口、建筑界面和无障碍电梯的问题
（资料来源：https://b2b.hc360.com/viewPics/supplyself_pics/624628731.html）

变化莫测的界面。盲人群体无法观察到建筑界面的变化，倘若没有旁人引导，现有的空间会造成很多意外发生。墙面上大都缺乏扶手或导盲带，不能引导盲人活动。地面铺装没有盲人适用的标识，并且材质坚硬、光滑，大量门槛和栏杆成为盲人行进中的阻拦。建筑洞口没有设置可触摸或语音的提示，感应装置并未完全普及，连接室内外的门窗缺少盲人提示与保护装置。

难以到达的电梯。电梯是无障碍设计中最主要的设施之一，但在设计电梯时往往忽略盲人群体的需求。一方面，地面或墙面没有指引，盲人不易找到电梯；另一方面，电梯门的缝隙过大，上电梯时导盲杖容易被卡，梯门关闭时间过快，盲人很难登上电梯；除此之外，电梯内部无扶手，按键大多无盲文，呼救按钮无区分，导致盲人不敢乘坐电梯。

2.3　室内空间的"拒绝"

室内空间是当前盲人群体使用最频繁的地方，结合既有文献的相关探讨，可将其对盲人群体的问题总结为室内家具和无障碍设施两方面。

藏有隐患的家具。对盲人来说，室内空间全靠记忆识别，家具边角、器具及水壶等易倒、易碎的危险物品并未做特殊保护；同时，房间内门槛、地面不平整增加了盲人摔倒的风险。

功能缺失的扶手。扶手可以辅助盲人进行站、坐、卧等行为。但目前的室内空间，扶手的安装既不普及，也不系统，个别扶手的设置也没有依据盲人的身体特征，导致盲人群体无法使用或使用不便（图4-19）。

以上在交通路口、公交站、盲道、建筑入口、界面、电梯、室

图4-19　室内家具和无障碍设施的问题
（资料来源：http://roll.sohu.com/20140219/n395281963.shtml）

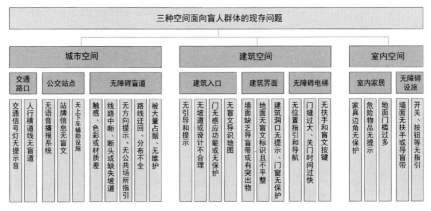

图4-20　城市、建筑与室内空间面向盲人群体现存的问题

内家具和设施上的问题长期且普遍地存在于城市、建筑与室内空间中，这些已经被发现或仍然隐匿在角落没有被发现的问题，是阻挡盲人群体参与城市生活的障碍，也是催生本研究的根源所在（图4-20）。

3　弥补：适合盲人的城市生活

　　第三次工业革命以来，互联网带动了科学技术的发展。科技从业者们也将目光聚焦到盲人群体，通过高新技术实现助盲设备的智能化，希望以此弥补盲人在生理上的缺陷，进而改变他们的生活状态。基于市场调研，本书依据不同的感官维度，从技术原理层面对现有的智能化助盲设备进行了综合比较，总结出视觉弥补视觉型、听觉弥补视觉型和触觉弥补视觉型三种主要类型，并结合用户反馈，从实用性、经济性与适用性三方面比较不同类型产品的优劣。

图4-21　GuideCane手杖
（资料来源：https://36kr.com/
p/1721261735937）

3.1　视觉弥补视觉

视觉感知是人观察环境最主要的方式，但盲人由于视觉的缺陷，不能直接观察。视觉弥补视觉的助盲设备通过仿生技术，以视觉假体修复视觉或以辅助设备代替视觉的方式，帮助盲人获取空间信息。视觉假体[①]是一种将外部获取的视觉信息进行处理、编码后，再通过植入体内的电子微刺激器和刺激电极阵列对视觉神经系统进行作用，以修复盲人视觉功能的人造器官。由伊万·乌尔里希等人研发的导航仪手杖（GuideCane）[②]依靠尖端的轮子，借助推力行进，通过手柄控制杆操控方向，轮子旁的声波传感器可以探测周围障碍，使用时遇到障碍能够自动修正方向（图4-21）。

3.2　听觉弥补视觉

视觉的丧失尽管使盲人的听觉感知能力不断加强，但远不能达到识别空间的程度。听觉弥补视觉的技术通过智能装备获取空间图像信息，以听觉感知的方式反馈给盲人，进而引导行为。"元"（META）导盲头盔是通过语义理解等技术配合云端AI平台，可对空间场景进行判断，将信息转

① 顾柳君. 仿真假体视觉下基于运动检测的运动物体识别研究[D]. 上海: 上海交通大学, 2012.

② ULRICH I, BORENSTEIN J. The GuideCane: applying mobile robot technologies to assist the visually impaired[J]. IEEE Transactions on Systems, Man, and Cybernetics, 2001, 31(2): 131-136.

化为语音播报（图4-22）。英、德两国科学家联合发明的视听转换装置[1]由图像获取单元、视音频转换单元构成。装置中可固定在眼镜上照相机负责捕捉空间场景画面。收到图像信息后，视音频转换单元把图像中物体的线条长度、角度转换成相应音高、音调和音量的声音，以此帮助盲人辨别空间的轮廓。

图4-22　META导盲头盔
（资料来源：https://www.cloudminds.com/product-10.html）

3.3　触觉弥补视觉

　　除了听觉感知，盲人在日常生活中通过触摸感知到的触压感、冷热感、疼痛感和质地感，对识别空间也有一定的帮助。触觉弥补视觉的导盲设备具有空间识别能力，将空间信息转化成不同的触觉感知，能避免盲人因触摸造成的意外和危险。穿戴式触觉导盲装置[2]通过二值化处理，将由导盲眼镜上的光学摄像头采集的视觉图像转换为触觉图像，借助胸前的触觉虚拟显示器，盲人能够以主动触摸的方式感知空间信息（图4-23）。脉冲电子导盲仪由配有摄影机的太阳镜和舌头感应器组成，摄影机将拍摄的影像转化为黑、白像素，并以电脉冲刺激在舌头上不同位置，形成不同强度的震动感，传递给大脑来重组画面。

图4-23　穿戴式触觉导盲装置
（资料来源：http://www.diankeji.com/vr/50480.html)

[1] 英国发明视觉转听觉装置：盲人可用声音看世界. [EB/OL]. (2010-08-16) [2020-07-30]. http://www.rmzxb.com.cn/jrmzxbwsj/kj/tsyj/t20081112_219083.htm.

[2] 帅立国，郑竹林，张志胜，等. 基于视触觉功能替代的穿戴式触觉导盲技术研究[J]. 高技术通讯，2010, 20 (12): 1292-1296.

　　纵观这七种典型的智能助盲设备，虽然可以弥补盲人的视觉缺陷，但仍存在着一定的局限。依据经济性、实用性和适用性这三方面的评价标准，综合比较以上三种类型的七种典型智能助盲设备的优劣（表4-4）。经济性指代设备价格，七种智能助盲设备的最低售价也接近万元，对于普通盲人来说也很难承担；实用性代表使用效果，七种设备中的半数需要穿戴，两种必须手持，另外一种甚至要植入体内，长期使用会影响生活质量和身体健康；适用性强调适用范围，七种设备识别空间的范围仅限于图像，信息反馈也相对模糊，大多停留在轮廓和颜色上。以助盲技术为基础的智能化设备无法彻底解决盲人群体的生活困境，人们意识到空间问题才是阻碍盲人城市生活的最根本原因。城市重新拥抱盲人，以空间维度进行综合性的改变至关重要。科技仍在进步，市场上逐渐出现结合多种感官的智能助盲设备，综合听觉、触觉、嗅觉等感知方式弥补视觉缺失的方式，激发出解决空间问题的新

三种类型的智能助盲设备综合分析　　　　　　表4-4

类型	设备名称	经济性（价格）	实用性（效果）	适用性（范围）
视觉弥补视觉	视觉假体	不含手术费约105万元	术后仅有低分辨率的视力	只适用于后天致盲者
	GuideCane手杖	成本极高，耗能大	体积庞大，不易携带	需提供一定的推力
	Doogo电子导盲犬	成本价约1万元	使用时长有限	上下楼需手拎
听觉弥补视觉	META导盲头盔	市场测试中	识别范围仅限于图像	需长时间佩戴
	视听转换装置	多用于科研	只能用来判断物体的轮廓	需长时间佩戴
触觉弥补视觉	穿戴式触觉导盲装置	成本价约1万元	反馈周期较长	需长时间佩戴
	脉冲电子导盲仪	售价约7万元	只能判断物体位置	需长时间佩戴

思路。互联网向物联网技术的发展过程中，"感官互联"的概念不仅限于智能助盲设备的开发，还可以充分运用到空间的营造之中。

4 友好：适合盲人的空间

依托于智能助盲产品的升级，借助计算机云数据、人工智能、无线通信、磁感应和传感器等相关领域的前沿技术，将"感官互联"的概念融入空间营造之中。除视觉以外，从听觉、嗅觉、触觉等不同感知层面提出在城市空间、建筑空间和室内空间设计过程中的改造措施，探讨感官互联的盲人友好的空间发展未来。

4.1 盲人友好的城市空间

城市是盲人最难融入的空间。基于计算机云数据、专用短距离通信（DSRC）系统和传感器技术、无线通信技术、磁感应技术，在问题最严重的交通路口、公交站点和无障碍盲道这三个典型的城市空间中，出现了以听觉和触觉为主的盲人与城市之间的感官互联方式。

智能识别的路口。利用计算机云数据处理系统，动态LED智能人行横道可自动识别车辆和行人，实时修改其路面标记和声音信号，及时传递路口车流、人流信息[①]。美国Continental公司[②]借助专用短距离通信（DSRC）系统，通过交叉路口的摄像头和激光雷达等传感器识别行人及车辆，将信息发送到云端生成360度环境

① Stree crossing of the future[EB/OL].（2017-10-10）[2020-07-30]. https://www.smartcitiesworld.net/connectivity/connectivity/street-crossing-of-the-future.

② 'Smart' intersection aims to increase safety[EB/OL].（2017-12-22）[2020-07-30]. https://www.smartcitiesworld.net/news/news/smart-intersection-aims-to-increase-safe-242.

模型，通过车载系统和手机应用程序，实现路况信息的双向反馈（图4-24）。

无线交互的车站。德拉杰·梅赫拉等提出的无线交互公交车

图4-24　智能人行横道和智能十字路口
（资料来源：https://www.smartcitiesworld.net/news/news/smart-intersection-aims-to-increase-safety-2422）

站融合多种无线通信技术（RFID、Wi-Fi、GPS)，由盲人检测、无线通信和总线服务三部分组成。盲人可通过站台查询按钮识别来车，如确定乘坐可继续按下选择按钮，公交车通过车载系统识别盲人发出的信号，以声音指令引导盲人乘客上车（图4-25）。

① 柴亚南，黄玉，柴乔林. 一种基于磁场的盲道以及与盲道配合使用的盲人探测棒: CN106049230A, [P] 2016-10-26.

　　磁力感应的盲道。柴亚南等[①]对磁感盲道的探讨推动着盲道的升级与发展。盲人在出行时，手持磁性导盲杖可以通过若干磁体探测到磁感应盲道的位置，当磁性检测棒保持在永磁磁体磁场内，检测棒会发出提示音，当检测棒偏离磁场时，则不发出声音，从而引导盲人在盲道上通行。

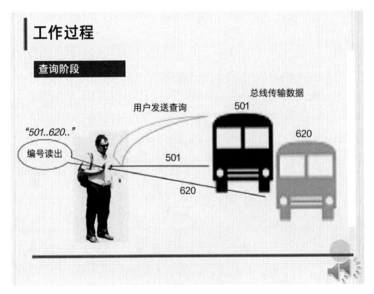

图4-25　无线交互公交车站

（资料来源: https://www.semanticscholar.org/paper/BUS-IDENTIFICATION-SYSTEM-FOR-THE-VISUALLY-AND-FROM-Mehra-Gupta/1cd7ba8af9a1b7bbbe014245b7754ae44ddbeac5)

4.2　盲人友好的建筑空间

城市空间经历智能化的变革，建筑空间也会随之发生一系列的改变，进一步实现盲人在公共场所活动的可能。结合AR蓝牙信标、AI识别系统和触控反馈技术，通过听觉、触觉和嗅觉等多种感官实现盲人与建筑的互联，主要体现在建筑入口、建筑界面和无障碍电梯三个方面。

自动引导的入口。美国远见增强现实公司（Foresight Augmented Reality）[①]将AR蓝牙信标安装在建筑入口，使用智能手机的应用程序进行导航，并提供语音指导、室内地图和安全隐患警告。触控式模型及地图以触觉识别的方式感知盲人，通过语音和可刷新的盲文描述空间信息[②]。

多感互动的界面。微软公司的运动捕捉技术利用存储的手势数据识别盲人发出的不同信号，通过传感器控制建筑界面信息的及时反馈。动态响应式建筑表皮以数字化传感技术结合AI识别系统，使界面可主动识别盲人行为，可通过动作感应完成开关门窗等操作[②]（图4–26）。

智能感应的电梯。除了在电梯内设置盲文按键，解决盲人乘坐电梯的问题还应关注电梯是否容易被盲人找到。里克·马塞利提出，基于射频识别（FRID）传感器技术的门禁感应系统与电梯互联，当盲人靠近大门时，电梯会收到引导信号，通过系统传导实现智能感应，自动开门。

[①] https://coolblindtech.com/foresight-ar-beacons-help-visually-impaired-travelers-a-way-to-navigate-independently/[EB/OL].

[②] 徐跃家，郝石盟. 镶嵌，折叠：一种动态响应式建筑表皮原型探索[J].建筑技艺, 2018 (4): 114–117.

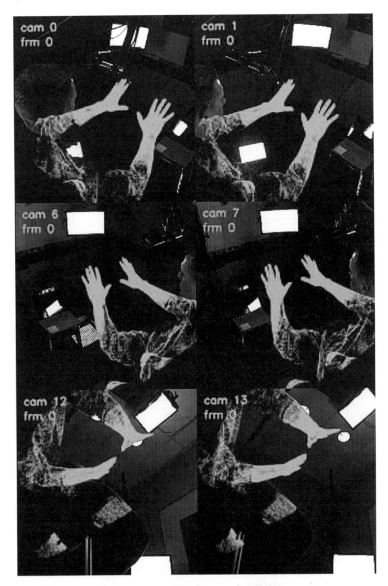

图4-26　运动捕捉（MoCap）手势数据

（资料来源：https://coolblindtech.com/foresight-ar-beacons-help-visually-impaired-travelers-a-way-to-navigate-independently/[EB/OL]）

4.3   盲人友好的室内空间

作为居民生活的最小空间，感官互联也最容易取得效果。结合现状运用人工智能与室内导航技术、听觉和触觉的感官互联在室内家居和无障设施这两方面得以实现。

语音互动的家居。近几年，国内各大网络公司推出天猫精灵、小度在家、小米小爱等人工智能音箱，人们可以通过语音获得操控、查询、提醒等服务。如LG智能冰箱通过传感器与手机互通，三星于2019年推出的三星家庭中心，可提供私人定制化的服务，使用人工智能识别每个家庭成员的语音并作出不同响应（图4-27）。

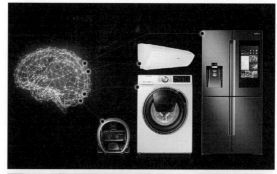

图4-27　人工智能家居设备
（资料来源：https://news.
samsung.com/in/all-in-on-
ai-part-1-homecare-wizard-
enabling-smart-appliances-
to-diagnose-themselves）

地图导航的系统。通过可触材质的变化，设计艺术工作室So & So Studio在室内空间建立集成地图系统，使用地板上有触感的符号语言来引导盲人的行为。地面与传感器连通，盲人行走时会突出显示程序节点，激活寻路系统（图4-28）。

无论是城市空间、建筑空间还是室内空间，"感官互联"的概念融入未来的环境建设中，结合不同感官的感知特性，让空间识别盲人，通过感官接受和反馈信息，尝试从根本上解决盲人参与城市生活会遇到的种种难题（图4-29、图4-30）。

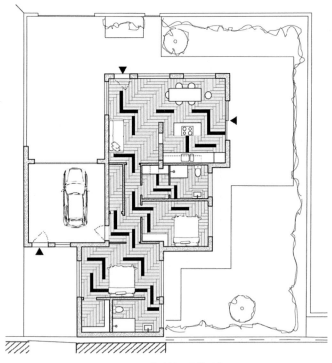

图4-28　集成地面导航系统

（资料来源：https://www.archdaily.com/897946/teaching-a-blind-client-how-to-read-her-new-home-so-and-so-studio）

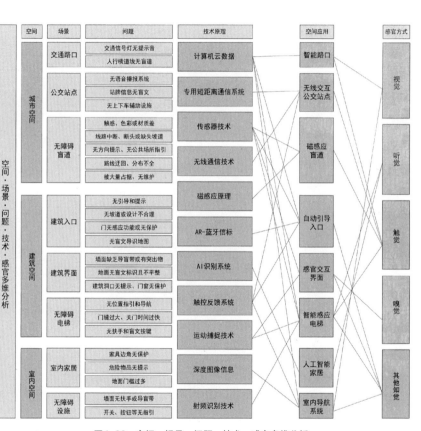

图4-29　空间·场景·问题·技术·感官多维分析

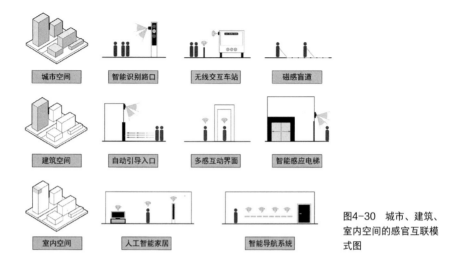

城市空间 智能识别路口 无线交互车站 磁感盲道

建筑空间 自动引导入口 多感互动界面 智能感应电梯

室内空间 人工智能家居 智能导航系统

图4-30 城市、建筑、室内空间的感官互联模式图

5 总结

本书从社会现象出发，探讨万物互联时代，在面向盲人的空间问题上人们应有以下三个方面的转变：第一，思路上的转变。对于盲人的帮扶不能只停留在生理上的弥补，应从生理以及空间方面综合考虑，为盲人提供更友好的生活条件。第二，技术上的转变。依靠物联网及相关技术，城市和建筑应具备生命和关怀的能力，能识别盲人，与他们进行感官上的互联。第三，空间上的转变。感官互联的实现可能会促进现有空间的更新，也会激发新型空间的出现。

在未来，城市与建筑的空间关怀应推及中国广大残障群体中，让更多残疾人回归城市生活的怀抱。希望本书可以引导城市设计者和建设者关注盲人或其他弱势群体的需求，为未来的友好空间环境营造提供一个理论起点。万物互联时代的浪潮或能催促感官互联的实现，希望未来科学技术的不断突破，在某天能够根本性地消除视觉的黑暗。

万物通灵：
赛博格植物城市的互联探讨

万物互联时代下移动通信、传感设备等技术的发展，为植物与技术设备的相连带来方便，可能创造出与自然融合的新型城市空间。本书从互联技术在植物层面的应用出发，将互联媒介和植物进行整合，设想了一种"赛博格时代下的植物城市"，试图对植物与人、建筑和城市之间的新关系和可能产生的新空间进行探讨分析。

1　引子："地球上的植物互联网"

纵观百年，人类逐渐迁移到绿色植物稀少的水泥丛林中。然而，城市居民却始终希望与自然建立联系，人们建造自然保护区、打造花园，渴望塑造自然环境以适应人类的生活方式。如今，世界正在形成万物互联图景，互联观念已逐步深入人心。20世纪60年代，美国航空航天局的科学家曼菲德·克林斯和内森·克莱恩从控制有机体（cybernetic organism）的英文名称中各提取了三个字母组成了赛博格（cyborg），意为通过技术手段，增强空间旅行人员的身体性能，后指机械控制论和有机生命体的复合[①]。那么，可否利用互联手段创造一个"赛博格植物城市"，利用物联技术建立人、城市、植物间的信息连通，以更好地帮

① ADACHI M, ROHDE C L E, KENDLE A D. Effects of floral and foliage displays on human emotions[J]. HortTechnology, 2000, 10(1): 59-63.

助人们接近自然呢?

　　本书以万物互联背景下的植物研究为出发点，归纳梳理了互联技术在植物中的应用，探讨了植物与人、建筑和城市的新关系，以及在这些关系下可能产生的新空间，以期对未来建立"赛博格植物城市"的发展路径提供借鉴。

2　植物与人：赛博格植物的滋长

　　日本"里山论"表明，人类应当将环境意识从"单纯的保护自然环境"转变为"在二次自然环境中，实现人与自然和谐共存"。从这个方向思考，植物与人类将经历从生长到情感的不同层级的互联过程[①]（图4-31）。

① CLARK A, ERICKSON M. Natural-born cyborgs: minds, technologies, and the future of human intelligence[J]. Canadian Journal of Sociology, 2004, 29(3): 471.

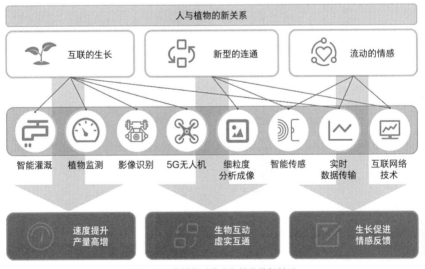

图4-31　赛博格时代人与植物的新关系

2.1　联结：生长的植株

近年来，互联网络与人类种植植物的过程相结合，提升了现代植物的生长速度和产量。种植者通过物联网芯片和5G传输等技术帮助植物生长[1]。智能灌溉技术结合天气、蒸腾量等因素，可根据不同地势情况分区联动灌溉；植物监测技术通过5G网络传感器自动监测植物缺水、缺养分等情况，并实时上传；影像识别技术通过自动识别植物类型、生病植株及间隔，充分利用土地资源进行生产种植；5G无人机技术还可拍摄农田的多光谱图像自动识别作物病虫害等情况……

2.2　连通：革新的方式

赛博格时代，人类与植物的连通方式将在互联驱动下发生巨大改变，主要从两个方面体现：一是在物质层面，人与植物将产生更多的互动，呈现方式是互联提供的快速识别、实时监测、声音互动和传感功能；二是在虚实关系中，将建立人在虚拟世界的操作与现实世界植物的连通，从之前线下购买和种植到现在通过电脑或手机屏幕的操作实现植物养护，万物互联帮助人们突破空间距离，得到前所未有的体验升级[2]。

植物与人类的互动。互联技术让人们无须翻阅或问询即可了解植物类型。"微软识花"App利用计算机视觉领域的细粒度图像分析技术，将数据（即纷繁多样的不同种类花的图片）和算法（即深度学习

① CHUNG T Y, FANG C S, HSIEH Y T, et al. Study of plant emotion using music and motion detection in Internet of Things[C]//2017 Ninth International Conference on Ubiquitous and Future Networks (ICUFN). IEEE, 2017: 999-1004.

② 姜丽丽. 基于立体绿化的建筑外立面设计应用[J]. 建筑与预算, 2020（5）: 44-48.

算法）结合运用，帮助人们建立对植物的认知[1]。

　　虚拟与现实的连通。虚拟互联网力量改变了植物与人的从属关系，通过移动屏幕对虚拟世界进行操作即可实现千里之外的实体种植活动。"蚂蚁森林"通过互联网科技的力量搭建起一个人人都可以参与的平台，唤醒用户环保意识；德国搜索引擎伊科西亚（Ecosia）通过开启"每搜索45次种一棵树"的项目，使来自180多个国家的参与者每0.8秒种植一棵树[2]。人类接触植物的方式从现实转为虚拟与现实的混合，其信息类型通过互联的加持也逐步多样。

① 李欣蕊，李运远. 以植物体现建筑生态性的建筑模式：植物建筑[J]. 建筑与文化，2015（11）：94-95.

② 李晓宇，董宁倩，陆敏. 智能共享绿植柜的景观特性研究[J]. 智能建筑与智慧城市，2019（7）：92-93，99.

2.3　流动：双向的情感

　　除在物质方面和虚实关系上的互联，植物与人在情感层面也产生了新的联系。万物一体，人类、植物、地球的连接比想象中要更紧密，通过流动的情感，植物与人类形成了意识流的互联网络关系。一方面，植物具有基本的思维和情绪，甚至可以通过互联技术反馈给人类情感；另一方面，人类将爱的意念传给植物，对于它们的成长有明显促进。情感的连接印证了"万物有灵"，互联技术的应用将情感的流动变为可能。

　　从植物到人的流动。植物除在生理和心理上对人的生活大有裨益，通过互联技术还可增强植物对人的反馈，甚至感知它们的情感。苏联研究人员在准备将一颗枯萎的天竺葵去根烧掉的同时，另一个人给天竺葵浇水、愈合伤口，整个过程给植物连通电极（图4-32），实验发现当毁坏植物的研究人员靠近植物时电极曲线

图4-32　电极实验
（资料来源：https://www.nytimes.com/
news/the-lives-they-lived/2013/12/21/
cleve-backster/）

图4-33　教区居民为植物祈祷
（资料来源：https://twitter.com/unionseminary/status/1174000
941667880960）

① 孟建民，刘杨洋，易豫. 未来穴居：人类
世时代的庇护所与赛博格化的建筑[J]. 当
代建筑，2020（1）: 12-14.

出现了疯狂抖动，而治疗人员靠近时曲线变得柔软光滑①。

　　从人到植物的流动。当人传达出植物能够感受到的积极信念，对植物也会有明显的生长促进。2019年，洛杉矶牧师富兰克林·洛尔将大量相同种子、植物和插条委托给自然条件相似的两组教区居民群体（图4-33），结果显示，植物因爱的祈祷而生机勃勃，而另一组植物因反对的意念而枯萎。

3　植物与建筑：赛博格植物的交融

　　在建筑原有设备系统的基础上，通过各类传感器和5G网络可以实现植物的科学管控，系统将对植物实施自动照明、灌溉和施肥，从而解放人力。建筑与植物的互联衔接主要有两种类型：一是在建筑屋顶布置植物，传感器可将植物情况反映到服务端；二是将植物种植在建筑的垂直墙面上，利用垂直与管控的双重优势助力植物生长。

3.1　助推：建筑系统下的蔓生植物

赛博格时代，新的城市很可能面临严峻的环境问题，因此，需要一种新的建筑来作为自然与人的中介，在互联技术的帮助下使植物与建筑建立充分的连接，而植物对建筑的互联植入主要在屋顶与墙面（图4-34）。

相关研究表明，若一个城市的屋顶绿化率达到70%以上，城市上空的二氧化碳量将下降50%[1]。普通屋顶绿化具有上述作

① OEZKAYA B, GLOOR P A. Recognizing Individuals and Their Emotions Using Plants as Bio-Sensors through Electro-static Discharge[J]. arXiv preprint arXiv: 2005. 04591, 2020.

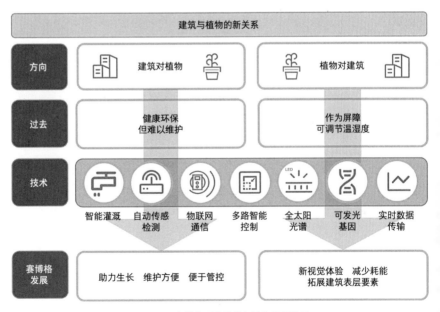

图4-34　赛博格时代建筑与植物的新关系

图4-35　MVRDV建筑设计事务所三维植物网格空间模块
（资料来源：https://www.archdaily.cn/cn/923107/mvrdv-xin-zuo-lu-se-zhi-shu-ge-fu-man-zhi-wu-de-jie-jiao-zhu-zhai）

用，但现实中维护不便、人力成本高，运用传感自动检测技术和物联网通信技术屋顶在一定程度上可以解决这些问题。MVRDV建筑设计事务所利用建筑系统提供的传感器控制了三维植物立面和屋顶的灌溉系统，储存的雨水可保证建筑一年四季常绿（图4-35）[1]。在城市屋顶使用传感绿化带，使建筑成为景观的一部分，或成为赛博格时代植物建筑的一个发展走向。

除屋顶绿化外，人们也开始关注立面绿化给植物和建筑带来的好处，但相较于屋顶绿化，垂直墙面的维护难度更高。多路智能控制器、LED全太阳光谱灯等互联技术使过去的管控问题得以解决，之前难以种植的植物将有栽种于墙面上的可能；建筑则提供给城市和对植物有利的垂直空间，进一步促进整个城市的绿化水平。

德国Baubotanik公司设计的"悬铃树盒子"（Plane Tree Cube）通过绑扎、固定梧桐树苗形成单元组件，加入调节器等装置进行管控，重复排列这些单元，使植物种植结构突破了传统尺度的局限（图4-36）[2]。德国Green City Solutions公司开发的世界上第

① 帕克里特·舒马赫，段雪昕. 赛博格超级社会的建筑[J]. 建筑学报，2019（4）：9-15.

② PALOS S P, SAURA J R. The effect of internet searches on afforestation: the case of a green search engine[J]. Forests, 2018, 9(2): 51.

图4-36　德国Baubotanik公司设计的"悬铃树盒子"
（资料来源：https://www.hhlloo.com/a/na-ge-er-de-shu-li-fang-ti.html）

一台智能生物空气过滤器，通过墙面的太阳能系统为植物提供了电力，并提供了过滤雨水、收集天气数据等功能，墙面Wi-Fi传感器还可实时测量植物的温度和水质。这些传感墙面都提供了赛博格时代对建筑立面和室内墙面重新塑造的雏形。

3.2　调节：植物作用下的建筑可能

对于建筑而言，将立体绿化发展理念和互联技术融入城市建筑外立面设计中具有明显的生态景观效应优势，赛博格植物在建筑层面的功能将由两方面展开：一是微气候调节，二是新型照明的可能。

从人类活动的角度，赛博格植物和互联技术的引入，增强了建筑表皮吸收噪声的效果。在城市噪声污染日益严重的今天，为人类的生活空间增加了一重天然屏障。在经济层面上，物联网技术通过使每株植物定时定量灌溉，减少了大量的建筑维修费用和城市耗能；在调温方面，夏季时，植物结构的遮蔽和蒸发冷却使室内保持低温，植物系统可将制冷能源需求降低40%，且在建筑外部不反射热辐射时可减少室外热量传递，冬季时，植物结构仅剩枝

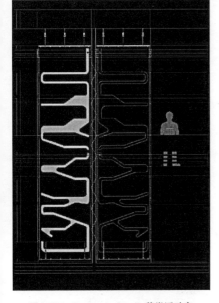

图4-37　EcoLogic Studio藻类活动帘
（资料来源：https://designwanted.com/architecture/ecologic-studio-interview/）

① SAREEN H, Maes P. Cyborg botany: Exploring in-planta cybernetic systems for interaction[C]// Extended Abstracts of the 2019 CHI Conference on Human Factors in Computing Systems. 2019: 1-6.

干，可使大部分阳光投入房间中，增加室内温度。伦敦EcoLogic Studio建筑事务所利用藻类窗帘的光合作用消除了建筑的空气污染，微藻以日光和空气为食，捕获二氧化碳分子并存储在窗帘内，同时产生氧气并释放回周围的空气中（图4-37）。赛博格时代，生物智能等前沿技术在建筑调节上的部署或可成为自然城市设计的关键要素。

2020年5月，俄罗斯科学院利用基因移植法，首次培育出可以发光的植物（图4-38），这类植物发出的光提供了一种内在的代谢指标，可以反映植物的生理状态和对环境的感知度①。此项研究提供了三个可以拓展的思路：其一，可能为城市居民提供新的视觉体验，新的建筑立面将提供传统立面没有的美观性、灵活性和可调性；其二，可能为城市寻求新的照明途径，部分空间将无需照明设备，可发光植物将成为城市夜景的一部分；其三，节能作用，建筑能耗将被降低，一部分空间可由植物负责照明。

图4-38 发光植物
（资料来源：http://blog.sciencenet.
cn/home.php?mod=space&uid=33
19332&do=blog&id=1230598）

4 自然之城：赛博格植物的未来

面对复杂的未来环境，植物和技术应综合为一个连续、可调、互动的建筑，人、赛博格化的建筑与自然环境共同构成了未来的自然之城（图4-39）。在万物互联与植物发展的带动下，城市将分别在物质、形式及关系组合层面发生变化，起到参与城市物质组成、重塑城市景观和改变城市社区关系的作用。

4.1 参与：赛博格化的新型植物

（1）城市能源供给点

全球能源危机和气候变化的威胁要求能源部门实施创新，而可

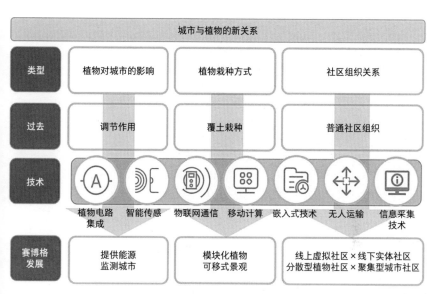

图4-39　赛博格时代城市与植物的新关系

持续能源是未来的唯一选择。瑞典科学家将植物的木质部、叶子、静脉作为电路元件，将导线系统集成到植物中从而形成了完整的电路，该电路与电流一样有两个方向，可以帮助人类传递能源、从部分植物中提取能量[1]。

　　由此可以构想出一种新型的城市能源采集与传递方式，无须连接杂乱的电线，城市居民通过路边的"植物圈"即可对未来的移动设备充电，工厂通过种植植物即可实现部分能源的运输，普通建筑通过景观能源的利用可以减少一部分能源损耗。植物作为城市景观的同时也可发挥电路的作用，城市建筑和景观的功能分配与具体形态将因此翻新变样。

① 许展慧，刘诗尧，赵莹，等. 国内8款常用植物识别软件的识别能力评价[J]. 生物多样性，2020，28（4）：524-533.

（2）城市绿色监测器

　　植物的另一种互联功能是作为低成

本、可持续的传感器，用以监测土壤质量和空气污染等环境要素。蓝天研究小组负责人安德烈·维塔勒蒂发起的"开心"

① 朱华，陈娟，张军杰. 非常绿建：德国 Baubotanik的创新实践[J]. 华中建筑，2018，36（9）：17-20.

（PLEASED）项目将植物与能够记录和传输信息的电路板连接[①]，通过数据采集、分析和解释，使这些植物可以监测到农作物中的寄生虫和污染物并在精准农业中发挥作用，告诉农民所需水量及养分量，也可以监测酸雨对环境及城市公园健康的影响（图4-40）。

　　未来的自然景观的布局会有所变化，城市中将存在两类自然景观，即普通的自然景观和带传感器的自然景观。这些自然景观将与工厂或基础设施交融、划分，形成不同的"城市斑块"，城市将被分为传感器植物区、无传感器植物区、生活区、工厂区等功能区域，依据功能需求进行互相交叠与交错设计，发展更多城市形态的可能。

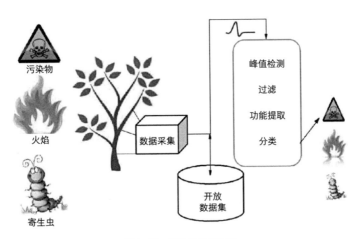

图4-40　植物传感器原理

（资料来源：https://weburbanist.com/2015/11/22/power-plants-scientists-grow-conductive-wires-in-living-roses/）

4.2　重塑：赛博格化的可移景观

　　集成式植物单元。集建筑、技术和植物为一体的模块空间，可以改变我们的生活和与自然互动的方式。这种形式便利快捷、操作简单，利用人工智能技术对材料和基质水肥的科学配比，可最大化地进行栽植，营造出丰富且持续的城市景观。由环境设计工作室（HB Collaborative）制造的"希望与生存的结构——城市植物"（Plant in city）结合模块化体系结构，利用移动计算、嵌入式技术、数位传感器和智能手机应用程序集成为信息系统，这些"盒子"在容纳植物的同时还可以充当植物与人类交流的接口，除作为独立的玻璃容器外，它们也可与模块化组件一起运行，以创建"属于自己的私人公园"。设计者只需将"城市植物"视为信息时代的植物模块，就可以将其放置在公共场所和私人空间中使用，让绿色遍布全城。但是，"城市植物"仅限于室内空间，当我们放大与信息系统相连的模块空间并将内部的小型植株更替为城市室外空间某个区域内的植物，例如一片草地或是几棵树，即可对这些植物模块进行统一的信息化管理。将其遍布于城市空间，整个城市的植物布局将有所改善，绿化率将大大提升。城市居民可以通过互联方式领取其中一个或多个模块，对其进行管理与照料，通过智能手机即可根据环境数据进行远程植物灌溉。城市居民与种养植物的距离将不再受限于互联网"虚拟种树"，未来亲身参与管理和虚拟平台的辅助，将拉近人与植物的距离，实现人与植物的城市共生。

　　移动式植物景观。在不远的将来，无人驾驶汽车、自动驾驶飞行器及其他形式的智能机器人会共同居住在我们的建筑环境中，城市交通的可能性将超越单纯地运输人类和货物，腾出的街道将可用于运输微生态系统。植物在提供城市绿色、过滤脏空气的同时还能根据阳光或空气污染程度自行移动。英国伦敦大学学院的交互式建筑实验室设计建造的"霍图斯机器B"（Hortum Machina B）（图4-41）拥有十二个智能花园模块，其外伸线性马达上的英国本土植物可以自主感知环境条件是否适合停留，电动面板可控制结构的重心将其移动到新的位置，给予了植物模块新的可能[1]。当城市中的植物模块可移动，城市与自然互动的方式将发生改变。过去，建筑被大多数人认为永远是静态的，未来，植物将以更有趣的移动角色"自力更生"，被整合到城市建筑物或公共场所中，使

① 张军杰. 国外活态植物建筑的发展与实践研究进展[J]. 中国园林, 2018, 34（12）: 117-121.

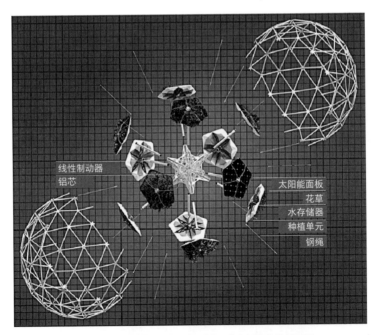

图4-41 "霍图斯机器B"的测地线及其内部组件的解剖图
（资料来源：http://www.interactivearchitecture.org/the-making-of-hortum-machina-b.html）

人们将它们视为城市生活系统的一部分，具有自主与我们在城市中互动和同行的能力。

4.3　复合：赛博格化的植物社区

4.3.1　便捷的智能机组

生活与工作环境对于城市居民而言至关重要，而植物是良好环境的重要组成部分，能够带给人愉悦的心情。目前市场上已有的智能共享绿植柜内置温湿度、光照、二氧化碳等传感器和控制器，通过构建常见绿植种类数据库，后台可模拟不同绿植需要的环境参数，并可以使社区居民远程操控定点的绿植柜单元，实现社区内植物景观设施的共享、植物养护机制的交互、机柜空间位置的可变。

"都市农业"是城市及其历史发展中始终共存的一种做法，近年来被重新定义为城市社区参与当地粮食生产的一种形式。瑞士Conceptual Devices公司设计的收割站，旨在激活城市的间隙空间，保护植物免受动物和空气污染的危害，通过在4平方米内种植200株植物，用温室顶部的水系统给植物自动施肥浇灌，提供给城市社区新的景观形式和居民参与方式的可能（图4-42）。城市居住区涉及范围较广、涵盖的内容较多，以社区级面积为单位，对环境进行种植处理，不仅能够使社区有良好的景观效果，还能拉近人、城市与自然间的距离。智能机组给城市居民种植绿植提供了一种新的方式，一方面，居民养护绿植不再只限于家中的实体养护，而是可以运用智能设备操作植物系统，避免了因不在家导致的植物死亡；另一方面，居民也可走出家门，利用智能机组的平台，实现和其他养护绿植的居民的交流沟通，为构筑和睦社区创造了更多的机会。由此看

图4-42 Conceptual Devices屋顶农场
（资料来源: https://bbs.zhulong.com/101020_group_201878/detail10058739/ ）

来，城市间隙空间的利用和智能机组在社区级的普及也至关重要。

4.3.2 多元的社区关系

以上述内容为背景和依据，社区形式将发生质的转变，原有的人们生活的城市实体社区将转变为互联植物形成的实体社区与城市实体社区的结合，在互联媒介的加持下，整个城市的社区关系将演化为线上与线下的交织、聚集与分散的混合。

线上与线下的交织。人们与植物的互联关系由线上与线下结合的形式展开，通过建立人与城市植物的网络社区、利用虚拟的线上网络控制实体的线下植物模块的种植，植物与人的联系将更加紧密。城市社区级的实体种植也由此开始普及，屋顶、缝隙等闲置空间或其他公共开放空间都可被绿植充分利用起来。智能机组不再只是小的单元柜体，还可以是对废弃集装箱或其他废旧物品的空间改造，做出具有景观效果的、便于安放的社区单元，使城市居民拥有更好的与植物互动的体验。

聚集与分散的混合。布局形式上，城市社区将使"聚集型"与"分散型"混合布置，一种是聚集的人类城市实体社区，另一种是分散的植株种植区域。城市与植物的关系主要有两种变化：一是"一对多"，由于植物社区呈分散型布置，同一个居民通过互联媒介的引导可以对分散在不同地区的植株进行云端养护和种植，通过对一定半径范围内的植物搜索和领养，达到一人多植的效果，使城市居民突破空间界限，感受不同植物物种的生长过程；二是城市空间内植株的整体布局变化，有互联作用的植物与普通植物的区域分配针对地理位置条件会有不同的设计，设计者将根据植物本身的生长特性选择普通草地、垂直墙壁、屋顶等具体城市空间进行互联种植，并考虑植物与植物之间的关系，整体区域设计将变得多元与复合。

5　总结

从植物与植物间的电化学交流到植物与人的情感联动、与建筑的共生连接、与城市的信息互联，赛博格植物成为城市居民与自然的连接口，万物互联的背景下，植物与人、建筑、城市共同构成赛博格植物城市并具备了新型关系（图4-43）。人类不需要再花时间和精力亲自种植养护，通过互联设备即可与植物进行互动，甚至是深层次情感交流；互联下的建筑将能更好地帮助植物生长，反过来，植物也可成为调节、保护、拓展建筑表层的要素；于城市而言，植株将可发挥供能和监测的作用，具有物联功能的植物模块将重构城市形态，通过建立实体植物社区，跨越了虚拟与现实的鸿

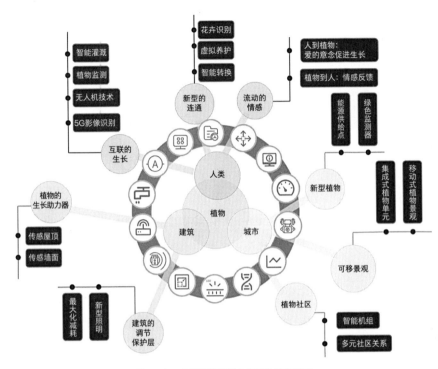

图4-43　赛博格时代城市与植物的新关系

沟。这些新关系与新空间组合起来，构成赛博格植物城市的雏形。

科技的进步不仅会给人类社会带来繁荣与进步，同时也可能给自然生态带来难以修复的创伤，城市与自然关系的整合变得尤为重要。赛博格植物虽是一种技术应用的畅想，但距离我们并不遥远。数字孪生过程中，将赛博格植物引入城市，有利于未来新型城市的构建；绿色环境的大范围塑造，将疗愈城市居民的身心；城市资源的充分整合，能带动绿色经济的发展；技术与植物的连通互嵌，或成为调节城市气候环境的关键。在万物互联的驱动下，赛博格植物与人、建筑和城市的关系将继续朝着"实现人与自然和谐共存"的目标发展。